Word/Excel/PPT 2016

商务办公一本通

超值全彩版

点金文化 编著

电子工业出版社.

Publishing House of Electronics Industry

北京·BEIJING

U0254264

内 容 简 介

Word、Excel、PowerPoint（简称 PPT）是 Office 办公套件中十分流行的三大组件，已成为了当前职场人士必学必会的办公"利器"。掌握这三个软件的常用功能，并具备一定的事务处理能力，可显著提升办公效率。

本书结合常用办公案例，向读者完整地呈现了 Word、Excel、PowerPoint 这三个软件的主流功能与应用技巧，帮助读者熟练地运用 Word 进行文档的编辑与排版，运用 Excel 创建表格和处理数据，以及运用 PPT 设计与制作演示文稿。图书主要内容包括：Word 文档的编辑与排版、图文混排、表格的编辑与应用、样式与模板的应用、文档处理的高级应用技巧；Excel 表格编辑与公式计算、数据统计与分析、图表与数据透视表的应用、数据的模拟分析与预算、数据共享与高级应用；PowerPoint 幻灯片的编辑与设计、动画制作与演示文稿的放映等。

本书内容结构编排合理、图文并茂，案例丰富，适用于经常需要和 Office 办公软件打交道的商务办公人员进行参考、学习，还可以作为高等院校相关课程教材和企业培训教材。

图书在版编目（CIP）数据

Word/Excel/PPT 2016 商务办公一本通 / 点金文化编著. —北京：电子工业出版社，2017.7
ISBN 978-7-121-31623-4

Ⅰ. ①W… Ⅱ. ①点… Ⅲ. ①办公自动化－应用软件 Ⅳ. ①TP317.1

中国版本图书馆 CIP 数据核字(2017)第 120823 号

策划编辑：牛　勇
责任编辑：徐津平
印　　刷：北京盛通印刷股份有限公司
装　　订：北京盛通印刷股份有限公司
出版发行：电子工业出版社
　　　　　北京市海淀区万寿路 173 信箱　邮编：100036
开　　本：720×1000　1/16　印张：18　字数：403 千字
版　　次：2017 年 7 月第 1 版
印　　次：2018 年 1 月第 5 次印刷
定　　价：49.00 元

PREFACE

前言

　　Office 2016 是一款功能强大且应用广泛的办公软件套件。与之前的版本相比，Office 2016 操作界面更加直观，功能更加强大，是广大商务办公人员和职场精英的"好帮手"。Office 2016 中的 Word、Excel、PowerPoint 组件是当前十分流行的办公软件，掌握这些软件的应用也成为了职场精英们的必备技能。这三个软件可用于制作各种专业效果的文档、强大的表格和极具吸引力的演示文稿，轻松解决办公难题，显著提高办公效率。

本书具有哪些特色

案例讲解，贴近职场

　　本书汇集了 30 多个经典实战案例，涉及行政文秘、财务会计、市场营销、人力资源等多个领域，总结和归纳了多个大型商业综合案例，系统地讲解了 Word/Excel/PPT 2016 商务办公的实战应用技能。同时，本书以"功能+案例+技巧"为写作线索，采用"任务驱动"的写作手法，在有限的篇幅内力争将最有价值的技能传授给读者。

全程图解，一看即会

　　本书在案例讲解过程中，采用"一步一图、图文结合"的表现手法，由浅入深、循序渐进地介绍了软件功能和应用技巧，使读者能够身临其境，加快学习进度。既适合初学者进行学习参考，又适合有一定操作经验的办公人员提高办公技能。

疑难提示，贴心周到

　　本书在知识与技能的讲解过程中，对重点和难点以"知识加油站"和"疑难解答"的形式为读者进行剖析和解答，解决读者在学习过程中遇到的各种疑难问题，帮助读者在学习过程中少走弯路。

高手过招，画龙点睛

　　本书每章的最后都精心安排了"高手秘籍"一节，针对该章内容的讲解与应用，为读者重点解读专家级别的实用技巧。通过该节内容的学习，让读者快速从"菜鸟"晋升到"达人"级别。

配套资源，超值实用

本书附赠丰富的配套资源，内容超值，主要包括以下内容。

❶ 本书相关案例的素材文件与结果文件，方便读者按照图书内容练习。

❷ 本书同步教学视频，图书与视频相结合，学习效率倍增。

❸ 超值赠送：900 个 Excel 表格模板、800 个 PPT 实用模板、500 个 Word 文档模板，方便读者在办公中参考使用。

❹ 超值赠送：Office 应用技巧、电脑维护与故障排除技巧、Excel 高级应用等海量视频教程，总时长超过 22 小时。

❺ 超值赠送：《电脑办公应用技巧速查手册》、《Excel 数据处理与函数应用技巧速查手册》、《新手学照片处理》等电子书，总页数超过 1200 页，正式出版物价值超过 110 元。

本书适合哪些读者学习

本书适合以下读者学习使用。

（1）有一定的软件基础，但缺乏 Office 商务办公实战应用经验的读者。

（2）日常工作效率低下，缺乏 Office 办公应用技巧的读者。

（3）即将走入工作岗位的大中专院校学生。

（4）想提高 Office 办公应用技能与实战应用的读者。

本书作者是谁

参与本书编写的作者具有相当丰富的 Excel 商务办公应用实战经验，其中有微软全球最有价值专家（MVP），有办公软件应用技术社区资深版主，有在外企和国有企业从事多年管理与统计工作的专家……大部分都参与过多本办公畅销书的编写工作。参与本书编写工作的有：胡子平、周琳阳、朱玉霞、胡芳、马东琼、张洁、李楷、伍明、杨艳平、文源、奚弟秋、温静、汪继琼、杜敏、祝维等。

由于计算机技术发展迅速，加上编者水平有限，错误之处在所难免，敬请广大读者和同行批评、指正。

轻松注册成为博文视点社区用户（www.broadview.com.cn），扫码直达本书页面。

- **下载资源**：本书提供资源文件，可在 下载资源 处下载。
- **提交勘误**：您对书中内容的修改意见可在 提交勘误 处提交，若被采纳，将获赠博文视点社区积分（在您购买电子书时，积分可用来抵扣相应金额）。
- **交流互动**：在页面下方 读者评论 处留下您的疑问或观点，与我们和其他读者一同学习交流。

页面入口：http://www.broadview.com.cn/31623

CONTENTS

目录

第 1 章

Word 文档的编辑与排版功能

Word 2016 是微软公司推出的一款强大的文字处理软件，使用该软件可以轻松地输入和编排文档。本章通过制作劳动合同和公司年度培训方案，介绍 Word 2016 的文档编辑和排版功能。

- Word 文档的基本操作
- 替换与查找的应用技巧
- 制表符的排版应用
- 段落格式的设置
- 页眉/页脚的设置技巧
- 目录的设置技巧

实战应用 跟着案例学操作

1.1 制作劳动合同

　　劳动合同是常用的文档资料之一。一般情况下，企业可以采用劳动部门制作的格式化文本，也可以在遵循相关法律法规的前提下，根据公司情况制定合理、合法、有效的劳动合同。本节使用 Word 的文档编辑功能，详细介绍制作劳动合同类文档的具体步骤。

　　"劳动合同"文档制作完成后的效果如下图所示。

配套文件

原始文件：素材文件\第 1 章\劳动合同内容.txt
结果文件：结果文件\第 1 章\劳动合同.docx
视频文件：教学文件\第 1 章\制作劳动合同.mp4

扫码看微课

1.1.1 制作劳动合同首页

　　在制作劳动合同前，需要在 Word 2016 中新建文档，然后输入文本内容并对内容进行修改，最后保存文档。

1. 输入首页内容

　　输入文本就是在 Word 文档编辑区的文本插入点处输入所需的文本内容，这是 Word 对文本进行处理的基本操作。启动 Word 2016 后，通常将自动创建一个空白文档，用户可直接在该文档中输入内容。

将文本插入点定位于空白文档中，输入劳动合同首页的内容。

知识加油站

输入文档时，直接按"Enter"键可对文档内容进行换段；按"Shift+Enter"组合键可对内容进行换行，并出现一个手动换行符"↓"。

2．设置"编号"格式

录入首页内容后，接下来设置"编号"格式，包括字体、字号、行距及对齐方式等。在 Word 2016 的"开始"选项卡中，可以轻松完成字体和段落的格式设置，具体操作如下。

第 1 步：设置字体格式	第 2 步：设置行距
❶选择"编号："文本；❷单击"开始"选项卡；❸在"字体"组中将"字体"设置为"仿宋"，将字号设置为"四号"。	保持"编号："文本选择状态；❶在"开始"选项卡的"段落"组中单击"行和段落间距"按钮‡；❷在弹出的下拉列表中选择"3.0"选项，将所选文本的行距设置为 3 倍行距。

3．设置标题格式

一篇文档的首页标题通常采用大字号字体进行设置，如黑体、华文中宋、简体、微软雅黑、Arial、Arial Black、方正大标宋简体等，让其突出醒目，从而起到提纲挈领的作用。

在 Word 2016 中设置"劳动合同书"文本的字体格式、段落间距、行距、字体宽度等的具体操作如下。

第1步：打开"字体"对话框

❶选择标题文本"劳动合同书"；❷单击"开始"选项卡 "字体"组中"对话框启动器"按钮，打开"字体"对话框。

第2步：设置字体格式

❶将"中文字体"设置为"黑体"；❷将字号设置为"初号"；❸单击"确定"按钮。

第3步：设置字体加粗

保持标题文本"劳动合同书"选择状态，单击"字体"组中的"加粗"按钮 **B** 。

第4步：设置对齐方式

单击"段落"组中的"居中"按钮，让"劳动合同书"文本水平居中对齐。

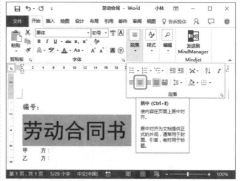

第5步：打开"段落"对话框

在"段落"组中单击"对话框启动器"按钮，打开"段落"对话框。

知识加油站

选择文本并在其上单击鼠标右键，在弹出的快捷菜单中选择"段落"命令，也能打开"段落"对话框。

第 6 步：设置行距、间距

❶切换到"缩进和间距"选项卡；❷将"行距"设置为"1.5 倍行距"；❸将"间距"设置为"段前 4 行、段后 4 行"；❹单击"确定"按钮。

第 7 步：查看设置效果

标题的行距、间距设置完毕。

第 8 步：打开"调整宽度"对话框

❶选择标题文本"劳动合同书"；❷单击"段落"组的单击"中文版式"按钮 A˙；❸在弹出的下拉列表中选择"调整宽度"命令。

第 9 步：设置文字宽度

❶在打开的"调整宽度"对话框中将"新文字宽度"设置为"7 字符"；❷单击"确定"按钮，完成设置。

4. 设置其他项目

正规的劳动合同首页通常包括订立劳动合同的甲乙双方信息、签订时间、印制单位等。接下来设置这些项目的字体和段落格式，使其更加整齐、美观，具体操作如下。

第1步：设置字体格式

将所有项目的"字体"设置为"宋体（中文正文）"；将"字号"设置为"三号"。

第2步：调整文字缩进量

❶选择所有项目；❷在"段落"组中不断单击"增加缩进量"按钮，以1字符为单位向右侧缩进。

第3步：查看缩进效果

所选文本调整到文档的水平居中位置。

第4步：打开"调整宽度"对话框

❶选择文本"甲方"；❷在"段落"组中单击"中文版式"按钮；❸在弹出的下拉列表中选择"调整宽度"选项。

第5步：查看"甲方"文字的宽度

❶在弹出的"调整宽度"对话框中，设置"当前文字宽度"为"4.51字符"；❷查看完毕，单击"取消"按钮。

第 6 步：设置"签订日期"文字的宽度

❶选择文本"签订日期"，再次打开"调整宽度"对话框，将"新文字宽度"设置为"4.51字符"；❷单击"确定"按钮。

第 7 步：查看调整效果

"签订日期"的文字宽度调整完毕，冒号与上一行对齐。

第 8 步：调整行距

❶选择本页所有文本，在"开始"选项卡的"段落"组中单击"行和段落间距"按钮≡▾；❷在弹出的下拉列表中选择"2.5"选项，即可将所选文本的行距设置为 2.5 倍行距。

第 9 步：设置段前间距

❶选择"甲方"所在的行；❷单击"布局"选项卡；❸在"段落"组中将"段前间距"设置为"8 行"。

第 10 步：设置段后间距

❶选择"签订日期"所在的行；❷在"布局"选项卡"段落"组中将"段后间距"设置为"8行"。

第 11 步：添加下画线

在"甲方"、"乙方"两行的右侧添加合适的空格，并选择这些空格。❶单击"开始"选项卡；❷在"字体"组中单击"下画线"按钮 U ，为选择的空格添加下画线。

第 12 步：修改段落缩进

❶选择印制单位所在的行；❷单击"布局"选项卡；❸在"段落"组中将"左缩进"设置为"0 字符"。

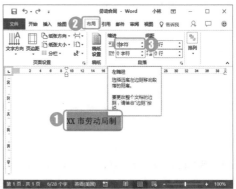

第 13 步：设置对齐方式

❶选择印制单位所在的行；❷单击"开始"选项卡；❸单击"段落"组中的"居中"按钮 。

第 14 步：查看劳动合同首页

到这里，劳动合同首页就设置完成了。

 疑难解答

Q：为文字尾部的空格添加下画线时，为什么在有些文档中能看到下画线，在有些文档中却看不到？

A：为文字尾部的空格添加下画线时，必须在 Word 2016 的"选项"对话框中选中"高级"选项卡上的"为尾部空格添加下画线"单选按钮，具体为：单击"文件"命令，选择"选项"选项，打开"选项"对话框，单击"高级"选项卡，在"以下对象的布局选项"组中选中"为尾部空格添加下画线"单选按钮。

1.1.2 设计劳动合同内文

劳动合同首页制作完成后，就可以录入文档内容了，通常需要对文档的内容进行编辑和排版。

接下来，通过对劳动合同内文的编辑和排版，介绍插入分页符、查找和替换文档内容、使用制表符进行精确排版、使用格式刷进行格式设置的方法。

1. 插入分页符

1.1.1 节输入的内容为劳动合同的首页，输入这些内容后，应换到下一页输入劳动合同的详细内容，可通过插入分页符的操作来完成，具体如下。

第 1 步：执行插入分页符命令	第 2 步：查看插入的分页符
❶将文本插入点定位于要分页的位置；❷单击"插入"选项卡；❸单击"页面"组中的"分页"按钮。	此时即可完成分页，上一页的结尾将显示刚刚添加的分页符。

疑难解答

Q：在文档中插入的分页符，为什么有的时候看不到？

A：分页符属于编辑标记，如果看不到文档中的分页符，那么它可能处在隐藏状态。此时，单击"开始"选项卡，在"段落"组中单击"显示/隐藏编辑标记"按钮 ，使按钮处于高亮状态，就可以看到分页符了。如果想隐藏分页符，只要在"段落"组中再次单击"显示/隐藏编辑标记"按钮 即可。

2. 复制和粘贴文本内容

在录入和编辑文档内容时，有时需要从外部文件或其他文档中复制一些文本内容，本例就需要从文本文件中复制劳动合同的内容到 Word 中进行编辑，这就涉及文本内容的复制与粘贴操作，具体如下。

第 1 步：打开并复制文本文件中的内容	第 2 步：将文本粘贴于 Word 文档中
打开"素材文件\第 1 章\劳动合同内容.txt"文件，按"Ctrl+A"组合键全选文本内容，按"Ctrl+C"组合键复制所选内容。	将文本插入点定位于 Word 文档的末尾，单击"开始"选项卡"剪贴板"组中的"粘贴"按钮或按"Ctrl+V"组合键，即可将复制的内容粘贴于文档中。

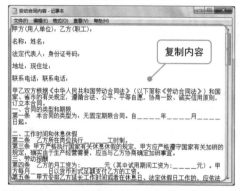

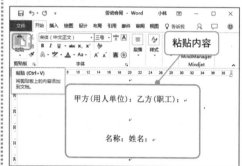

知识加油站

在 Word 2016 中粘贴内容后，根据复制源内容的不同，会出现一些粘贴选项，如"保留源格式"、"合并格式"和"只保留文本"等。选择"选择性粘贴"命令，可以打开"选择性粘贴"对话框，其中提供了更详细的粘贴方式。选择"带格式文本（RTF）"命令，可以让粘贴的文字保留原来的格式；选择"无格式文本"命令，可以让粘贴的文字格式快速符合当前位置的格式；选择"图片（Windows 图元文件）"命令，可以将粘贴的文本内容转换成图片。

3. 查找和替换空格

从其他文件向 Word 文档中复制和粘贴内容时，经常出现许多空格。此时，可以使用"查找"和"替换"命令，批量替换或删除这些空格。接下来，将本例中的汉字字符空格批量查找并替换为两个空格，具体操作如下。

第 1 步：执行替换命令	第 2 步：设置查找和替换内容并替换
❶复制文中的任意一个汉字字符空格；❷单击"开始"选项卡；❸在"编辑"组中单击"替换"按钮。	❶在"查找内容"文本框中粘贴刚刚复制的汉字字符空格；❷在"替换为"文本框中输入两个空格；❸单击"全部替换"按钮。

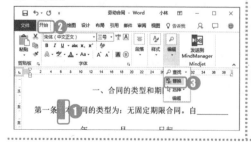

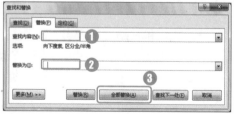

第 3 步：从头继续搜索

此时将打开 "Microsoft Word" 对话框，提示用户 "是否从头继续搜索"，单击 "是" 按钮。

第 4 步：完成替换

此时将打开 "Microsoft Word" 对话框，提示用户 "全部完成"，单击 "确定" 按钮即可。

疑难解答

Q：在查找和替换时如果有部分查找内容不需要替换怎么办？

A：在 "查找和替换" 对话框中单击 "查找下一处" 按钮，Word 将自动选中下一处查找内容。若所选内容需要进行替换，则单击 "替换" 按钮；若所选内容不需要进行替换，则再次单击 "查找下一处" 按钮，重复这样的操作即可。

4. 查找和替换空行

从文本文件复制到 Word 的内容中出现了许多多余的空行，要想快速将其批量删除，同样可使用 "查找" 和 "替换" 命令，具体操作如下。

第 1 步：打开 "查找和替换" 对话框

单击 "替换" 按钮，打开 "查找和替换" 对话框。❶在 "查找内容" 文本框中输入 "^p^p"；❷在 "替换为" 文本框中输入 "^p"；❸单击 "全部替换" 按钮。

第 2 步：设置特殊格式

此时将打开 "Microsoft Word" 对话框，提示用户 "全部完成"，单击 "确定" 按钮即可。

知识加油站

在对文档内容进行查找和替换时，如果所查找的内容或所替换的目标内容中包含特殊格式，如段落标记、手动换行符、制表位、分节符等，则均可使用 "查找和替换" 对话框中的 "特殊格式" 菜单进行选择。

5. 使用制表符进行精确排版

对 Word 文档进行排版时，要想让不连续的文本列排列整齐，除了使用表格外，还可以使用制表符进行快速定位和精确排版。

第 1 步：移动鼠标

将鼠标光标移动到水平标尺上，按住鼠标左键不放移动确定制表符的位置，释放鼠标左键后会出现一个"左对齐式制表符"符号 **L**。

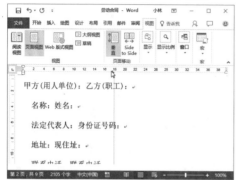

第 2 步：定位制表符

将光标定位到文本"乙方"之前，按下"Tab"键，光标之后的文本将自动与制表符对齐。

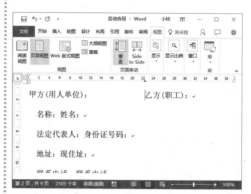

第 3 步：定位其他文本

使用同样的方法，用制表符定位其他文本。

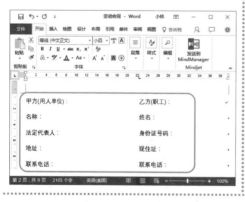

第 4 步：添加下画线

❶单击"开始"选项卡；❷在"段落"组中单击"下画线"按钮 **U**，添加上下画线。

6. 设置内文字体和段落

对 Word 文档进行排版时，要对文档内文的字体、行距等进行设置。接下来，在 Word 2016 中对劳动合同的内容进行字体和段落格式的设置，具体步骤如下。

第 1 步：执行对话框启动器命令

❶选择所有内文，单击"开始"选项卡；❷单击"段落"组中的"对话框启动器"按钮 。

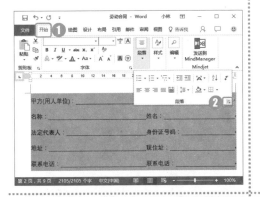

第 2 步：设置行距

❶在弹出的"段落"对话框中，将"行距"设置为"1.5 倍"；❷单击"确定"按钮。

第 3 步：执行段落命令

选择要设置首行缩进的内文，单击鼠标右键；在弹出的快捷菜单中选择"段落"命令。

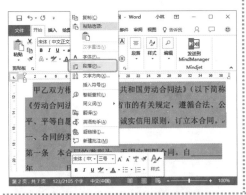

第 4 步：设置首行缩进

❶在弹出的"段落"对话框中，将缩进设置为"首行缩进 2 字符"；❷单击"确定"按钮。

第 5 步：查看设置效果

劳动合同内文的字体和格式设置完毕。

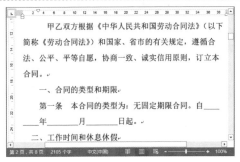

7．插入和设置表格

在编辑文档的过程中，有时需要使用表格来定位文本列。用户可以直接在 Word 2016 中插入表格，输入文本，并隐藏表格框线。

第 1 步：插入表格	**第 2 步：录入并设置表格内容**
将光标定位在文档的结尾位置。❶单击"插入"选项卡；❷单击"表格"下拉按钮；❸在弹出的下拉列表中拖选"3×1"表格，即可在文档中插入一个 1 行 3 列的表格。	在表格中录入内容，并设置字体和段落格式。

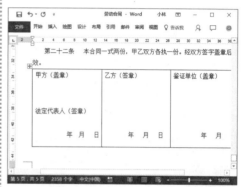

第 3 步：删除实框线	**第 4 步：隐藏表格的网格线**
❶选择整个表格；❷单击"开始"选项卡"段落"组中的"边框"下拉按钮田▼；❸在弹出的下拉列表中选择"无框线"选项。此时，表格的实框线就被删除了。	❶选择整个表格；❷在"段落"组中单击"边框"下拉按钮田▼；❸在弹出的下拉列表中选中"查看网格线"选项。此时，表格的网格线就被隐藏了。

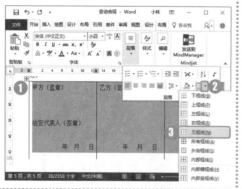

1.1.3　预览劳动合同

在编排完文档内容后，通常需要对整体效果进行查看。本节将以 3 种不同的方式对劳动合同文档进行查看。

1. 使用阅读视图

Word 2016 提供了全新的阅读视图，单击左右两侧的箭头按钮即可完成翻屏。此外，Word 2016 的阅读视图提供了 3 种页面背景色，分别是默认白底黑字、棕黄背景及适合黑暗环境的黑底白字，以便用户在各种环境中舒适地阅读。

第 1 步：打开阅读视图	第 2 步：翻屏阅读
❶单击"视图"选项卡；❷单击"视图"组中的"阅读视图"按钮。	进入阅读视图状态，单击左右两侧的箭头按钮即可完成翻屏。

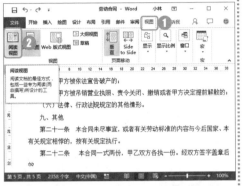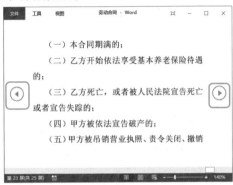

第 3 步：设置页面颜色	第 4 步：查看页面颜色
❶单击"视图"选项卡；❷在弹出的级联菜单中选择"页面颜色"→"褐色"选项。	此时，页面颜色就变成了"褐色"。预览完毕按"Esc"键退出即可。

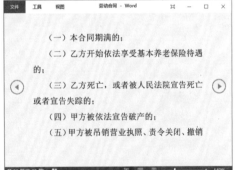

2. 应用导航窗格

Word 2016 提供了可视化的导航窗格功能。使用"导航"窗格可以快速查看文档结构图和页面缩略图，从而帮助用户快速定位文档。在 Word 2016 中使用导航窗格浏览文档的具体步骤如下。

第1步：打开"导航"窗格

❶单击"视图"选项卡；❷选中"显示"组中的"导航窗格"复选框，即可打开"导航"窗格。

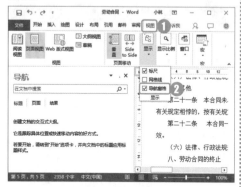

第2步：浏览页面缩略图

在"导航"窗格中，单击"页面"选项卡，即可查看文档的页面缩略图。

3．更改文档的显示比例

在 Word 2016 文档窗口中，可以设置页面显示比例，从而调整文档窗口的大小。显示比例仅用于调整文档窗口的显示大小，不会影响实际的打印效果。

单击"视图"选项卡"显示比例"组中的按钮，即可调整文档视图的显示比例。

❶	"显示比例"按钮：单击该按钮，将打开"显示比例"对话框，在该对话框中可以选择视图缩放的比例
❷	"100%"按钮：单击该按钮，可将视图比例还原到原始比例
❸	"单页"按钮：单击该按钮，可将视图调整为在屏幕上完整显示一页的比例
❹	"双页"按钮：单击该按钮，可将视图调整为在屏幕上完整显示两页的比例
❺	"页宽"按钮：单击该按钮，可将视图调整为页面宽度与屏幕宽度相同的比例

1.2 编排公司年度培训计划

公司年度培训计划是公司重要的全年运作计划之一。年度培训计划的内容主要包括培训目的、培训对象、培训课程、培训形式、培训内容及培训预算等。

本节通过在 Word 文档中编排公司年度培训计划，讲解如何在文档中插入图片、设置页面方向、生成目录等。

"公司年度培训计划"文档制作完成后的效果如下图所示。

  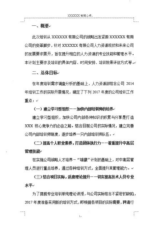

配套文件

原始文件：素材文件\第 1 章\年度培训计划内容.docx
结果文件：结果文件\第 1 章\年度培训计划.docx
视频文件：教学文件\第 1 章\编排公司年度培训计划.mp4

扫码看微课

1.2.1 插入公司 Logo

公司 Logo 是公司形象和文化的标志。在公司年度培训计划文档中插入公司 Logo 图片，调整图片的大小和位置，具体操作步骤如下。

第 1 步：执行插入图片命令	第 2 步：选择图片
打开"素材文件\第 1 章\年度培训计划内容.docx"文件，将光标插入如下图所示的位置。①单击"插入"选项卡；②单击"插图"组中的"图片"按钮。	此时将弹出"插入图片"对话框。①在素材文件中选择图片"LOGO.JPG"；②单击"插入"按钮。

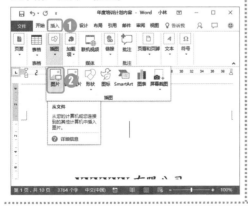 

第 3 步：查看图片

此时即可插入图片。

第 4 步：调整图片大小

将鼠标指针移动到图片右下角，按住鼠标左键并拖动，即可调整图片的大小。

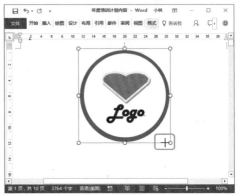

 疑难解答

Q：在 Word 文档中插入图片，有时图片显示不完整，这是为什么？

A：在 Word 文档中插入图片，如果插入点的行距过窄，图片就不会完整地显示，此时将图片的行距调整为单倍行距或单倍以上行距即可正常显示。

1.2.2 设置页眉和页码

正规的文档通常包括文档页眉和页码。在公司年度培训计划文档中设置页眉和页码，具体操作步骤如下。

1. 添加分隔符

分隔符包括分页符和分节符。分页符只有分页功能；分节符不但有分页功能，还可以在每个单独的节中设置页面格式和页眉、页脚等。

当文本或图形等内容填满一页时，Word 文档中会自动插入一个分页符，并开始新的一页。另外，用户还可以根据需要进行强制分页或分节。使用分页符和分节符对"公司年度培训计划"文档进行分页和分节，具体操作步骤如下。

第 1 步：插入分页符

将光标定位在文本"目录"前方的位置。❶单击"布局"选项卡；❷单击"页面设置"组中的"分隔符"按钮；❸在弹出的下拉列表中选择"分页符"选项。

第 2 步：查看分页效果

此时即可完成分页，并在上一页的结尾显示添加的分页符。

第 3 步：插入分节符

将鼠标光标定位在需要插入分节符的位置。❶单击"分隔符"下拉按钮；❷在弹出的下拉列表中选择"下一页"选项。

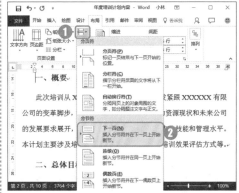

第 4 步：查看分节效果

此时即可完成分节，并在上一页的结尾显示添加的分节符。

2．设置横向排版

在 Word 文档的排版过程中，可能会遇到特别宽的表格，正常的纵向版面无法容纳。此时，可以使用分节符功能在表格的上、下分别分节，然后在该节中单独设置横向排版，具体操作步骤如下。

第 1 步：在表格前插入分节符

将鼠标光标定位在表格前方的位置，❶单击"页面设置"组中的"分隔符"按钮；❷在弹出的下拉列表中选择"下一页"选项。

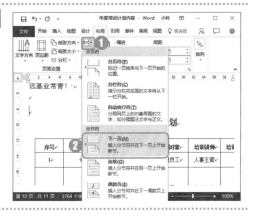

第 2 步：查看分节效果

此时即可完成分节，并在上一页的结尾显示添加的分节符。

第 3 步：插入分节符

❶将光标定位在表格后方；❷单击"页面设置"组中的"分隔符"按钮；❸在弹出的下拉列表中选择"下一页"选项。

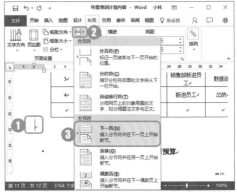

第 4 步：查看分节效果

此时即可在表格的结尾显示添加的分节符。

第 5 步：设置纸张方向

将光标定位在表格前方，❶单击"页面设置"组中的"纸张方向"按钮；❷在弹出的下拉列表中选择"横向"选项。

第 6 步：查看横排效果

此时即可看到横向排版效果。

3．设置页眉

为"公司年度培训计划"文档全文插入页眉"XXXXXX 有限公司"，字体格式设置为宋体、五号，步骤如下。

第 1 步：双击页眉	第 2 步：设置页眉
在页眉位置双击鼠标左键，进入页眉/页脚设置状态，在页眉下方会显示一条横线。	❶输入页眉内容"XXXXXX 有限公司"；❷ 将字体格式设置为宋体、五号。

第 3 步：退出设置状态	第 4 步：查看页眉设置效果
设置完毕，单击"页眉和页脚工具–设计"选项卡中的"关闭页眉和页脚"按钮，即可退出页眉/页脚设置状态。	此时已经为全文添加了页眉。

4．设置页码

为了使 Word 文档便于浏览和打印，可以在页脚处插入并编辑页码。默认情况下，Word 2016 文档都是从首页开始插入页码的。

为正文设置阿拉伯数字样式的页码，操作步骤如下。

第1步：双击页脚

在页脚位置双击鼠标左键，进入页眉/页脚设置状态。

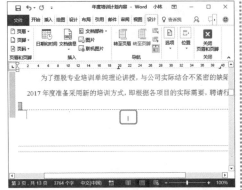

第2步：执行插入页码命令

❶切换至"页眉和页脚工具-设计"选项卡；
❷在"页眉和页脚"组中单击"页码"按钮。

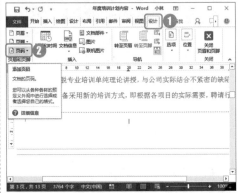

第3步：设置页码

在弹出的级联菜单中选择"页码底端"→"普通数字2"选项。

第4步：查看页码设置效果

此时即可在光标位置插入页码。

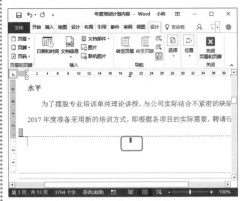

第5步：执行设置页码格式命令

❶在"页眉和页脚"组中单击"页码"按钮；
❷在弹出的下拉列表中选择"设置页码格式"命令，打开"页码格式"对话框。

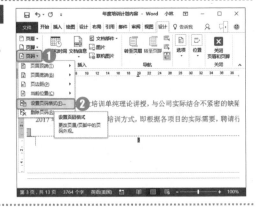

第 6 步：设置页码格式

❶在"编号格式"下拉列表中选择"1, 2, 3, ..."选项；❷在"页码编号"设置区单击选中"起始页码"单选按钮，并将起始页码设置为"1"；❸单击"确定"按钮。

第 7 步：退出页眉/页脚设置状态

单击"页眉和页脚工具"选项卡中的"关闭页眉和页脚"按钮，即可退出页眉/页脚设置状态。

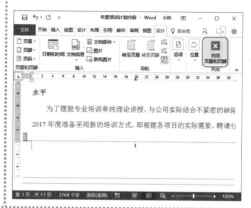

1.2.3 设置文档结构和目录

文档创建完成后，为了便于阅读，可以为其添加目录。使用目录可以使文档的结构更加清晰，便于阅读者对整个文档进行定位。

1. 设置大纲级别

生成目录之前，要根据文本的标题样式设置大纲级别。大纲级别设置完毕，即可在文档中插入自动目录。

设置大纲级别的具体操作步骤如下。

第 1 步：执行对话框启动器命令

❶选择一级标题。❷单击"开始"选项卡"段落"组中的"对话框启动器"按钮。

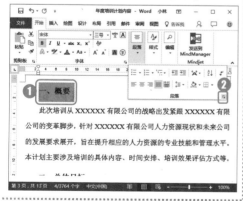

第 2 步：设置 1 级大纲

在打开的"段落"对话框中，将"大纲级别"设置为"1级"，按"Enter"键。

第 3 步：使用格式刷

❶选择一级标题，❷双击"开始"选项卡"剪贴板"组中的"格式刷"按钮，依次拖选其他一级标题，将大纲级别的格式复制到其他一级标题上，刷选完毕后，按"格式刷"按钮。

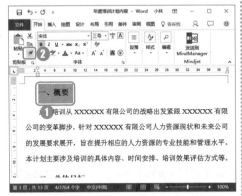

第 4 步：执行段落命令

❶选择二级标题。❷单击鼠标右键，在弹出的快捷菜单中选择"段落"命令。

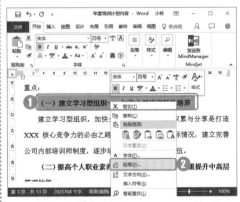

第 5 步：设置 2 级大纲

❶在弹出的"段落"对话框中，将"大纲级别"设置为"2级"；❷单击"确定"按钮。

第 6 步：使用格式刷

保持二级标题选择状态。双击"格式刷"按钮，此时格式刷呈高亮显示，说明已经复制了选中文本的样式。依次拖选其他二级标题，将大纲级别的格式复制到其他二级标题上。刷选完毕，再次单击"格式刷"按钮。

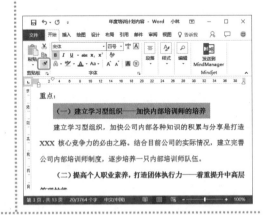

2. 查看文档结构

使用导航窗格可以快速查看文档结构和文档缩略图，还可以快速定位文档。查看文档结构的具体操作如下。

第 1 步：执行导航命令

❶单击"视图"选项卡；❷选中"显示"组中的"导航窗格"复选框。

第 2 步：查看各级标题

弹出"导航"窗格。❶单击"标题"菜单；❷单击任一标题，快速定位到该标题所在页面。

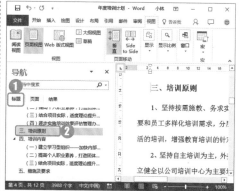

第 3 步：查看文档缩略图

在导航窗格中单击"页面"选项卡，即可查看文档的缩略图。

3. 生成目录

大纲级别设置完毕，接下来就可以生成目录了，具体步骤如下。

第 1 步：执行引用目录命令

将光标定位到需要插入目录的位置。❶单击"引用"选项卡；❷单击"目录"组中的"目录"按钮。

第 2 步：执行自定义目录命令

在弹出的"内置"下拉列表中选择合适的目录选项，如"自定义目录"选项。

第3步：设置目录级别

此时将弹出"目录"对话框。❶将"显示级别"设置为"2"；❷单击"确定"按钮。

第4步：查看目录

返回 Word 文档，可以看到在光标所在位置自动生成了一个二级目录。

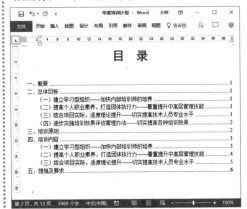

第5步：执行更新域命令

在目录上单击鼠标右键，在弹出的快捷菜单中选择"更新域"命令，打开"更新目录"对话框。

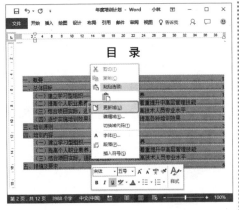

第6步：选择更新选项

可以根据需要选中"只更新页码"或"更新整个目录"单选按钮。

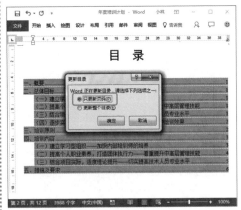

知识加油站

除了插入自定义的目录外，用户还可以根据需要在文档中插入手动目录或自动目录。单击"引用"选项卡，然后单击"目录"组中的"目录"按钮，即可设置手动目录和自动目录的样式。选择手动目录，插入后需要编辑目录中的文本；选择自动目录，会按照样式生成自动目录。

实用操作技巧

通过前面的学习，相信读者朋友已经掌握了文档编辑与排版方面的相关知识。下面结合本章内容介绍一些实用技巧。

配套文件

原始文件：素材文件\第 1 章\实用技巧\
结果文件：结果文件\第 1 章\实用技巧\
视频文件：教学文件\第 1 章\高手秘籍\

Skill 01 删除页眉中的横线

默认情况下，在 Word 文档中插入页眉后会自动在页眉下方添加一条横线。如果不需要，则可以通过边框设置快速删除这条横线。

第 1 步：选中页眉所在行	第 2 步：执行无边框命令
双击页眉，拖动鼠标，选择页眉所在的行。	❶单击"开始"选项卡"段落"组中的"边框"按钮田▼；❷在弹出的下拉列表中选择"无边框"选项，即可删除横线。

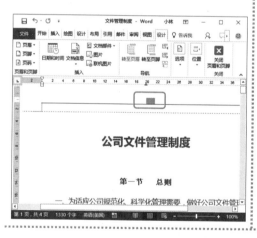
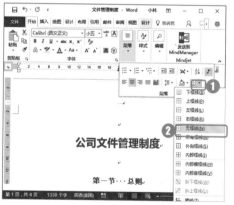

Skill 02 为 Word 文档添加水印

在编辑公司文档资料时，要想让浏览者认识到这篇文档的重要性或者原创性，可以为文档添加水印，如"公司内部资料"、"公司机密文件"等，具体操作如下。

第 1 步：执行"自定义水印"命令

❶单击"设计"选项卡；❷单击"文档格式"组中的"水印"按钮；❸在弹出的下拉菜单中选择"自定义水印"命令。

第 2 步：设置水印格式

此时将打开"水印"对话框。❶选中"文字水印"单选按钮；❷将"文字"设置为"公司内部资料"，将"字体"、"字号"分别设置为"宋体"、"36"，将"字体颜色"设置为"红色"，将"版式"设置为"斜式"；❸单击"确定"按钮。

第 3 步：查看水印效果

返回 Word 文档，即可看到水印效果。

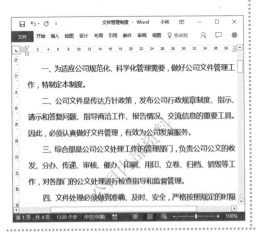

第 4 步：删除水印

如果要删除水印，可再次执行"水印"命令，在弹出的下拉菜单中选择"删除水印"选项。

Skill 03　快速批量删除手动换行符

手动换行符是 Word 文档中的一种换行符号,以一个向下的箭头(↓)表示,通常出现在从网页复制到 Word 的文本中。它在 Word 中的代码是"^l"(这个是乘方符号加小写字母 l)。

快速删除手动换行符的方法非常简单,只需将 Word 中的手动换行符代码"^l"替换为回车符代码"^p"即可,具体操作步骤如下。

第 1 步:执行替换命令	第 2 步:设置替换内容
❶单击"开始"选项卡;❷在"编辑"组中单击"替换"按钮。	❶在"查找内容"文本框中粘贴所复制文本中的任意一个手动换行符"^l";❷在"替换为"文本框中输入两个空格"^p";❸单击"全部替换"按钮。

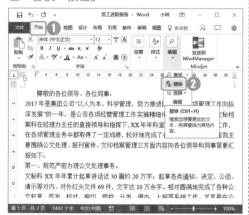

第 3 步:替换完成	第 4 步:查看替换结果
此时将打开"Microsoft Word"对话框,提示用户替换全部完成,单击"确定"按钮即可。	替换完成。

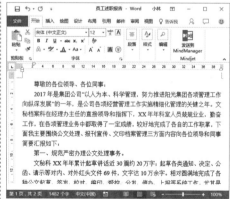

知识加油站

在设置替换内容的格式时，一定要将插入点定位到"替换为"文本框中。如果误将插入点定位到"查找内容"文本框中，系统就会提示找不到目标格式，从而无法进行替换。

本章小结

本章结合实例主要讲述了 Word 2016 的编辑与排版功能，并强调了文档编排中应该注意的重点问题和常用技巧，如分页符、分节符的应用，大纲级别的设置与生成目录的关系，以及页眉、页脚、页码的设置等。通过本章的学习，读者能够初步掌握 Word 文档的编排技能，轻松完成从录入、编排到打印的全部工作。

02

第 2 章

Word 的图文排版功能

本章导读

　　图文混排是 Word 2016 文字处理软件的一项重要功能。通过插入和编辑图片、图形、艺术字及文本框等元素，可以使文档图文并茂、生动有趣。本章以制作公司组织结构图、招聘流程图和企业内刊为例，介绍如何在 Word 2016 文档中进行图文混排。

知识要点

- ⊃ SmartArt 模板的应用
- ⊃ 文本框的应用技巧
- ⊃ 形状的绘制和美化
- ⊃ 图片的格式设置
- ⊃ 对象的组合技巧
- ⊃ 图文混排的技巧

案例展示

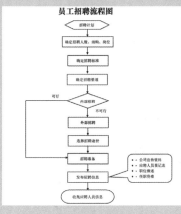

实战应用 跟着案例学操作

2.1 制作组织结构图

公司人力资源管理部门经常需要创建公司的组织结构图，以便主管或经理准确地评估部门组织结构的合理性，并且根据不断变化的市场需求对组织结构做出及时的调整。本节详细介绍使用 Word 的 SmartArt 图形功能制作组织结构图的具体步骤。

"组织结构图"制作完成后的效果如下图所示。

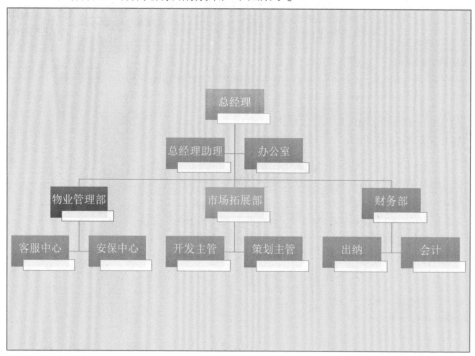

 配套文件

原始文件：素材文件\第 2 章\组织结构图.docx
结果文件：结果文件\第 2 章\组织结构图.docx
视频文件：教学文件\第 2 章\制作组织结构图.mp4

扫码看微课

2.1.1 插入 SmartArt 模板

Word 2016 提供了多种 SmartArt 图形模板，使用这些模板可以快速、轻松、有效地制作组织结构图。

1. 插入组织结构图模板

制作组织结构图时，首先插入 Word 2016 提供的 SmartArt 模板，在其中选择"组织结构图"选项，然后对模板进行修饰即可。

第 1 步：插入 SmartArt 图形

打开"素材文件\第 2 章\组织结构图.docx"文件。❶单击"插入"选项卡；❷在"插图"组中单击"SmartArt"按钮。

第 2 步：选择 SmartArt 图形

此时将打开"选择 SmartArt 图形"对话框。❶在左侧列表中单击"层次结构"选项卡；❷在右侧面板中选择"组织结构图选项"选项；❸单击"确定"按钮。

第 3 步：查看插入效果

此时在文档中插入了一个组织结构图模板。

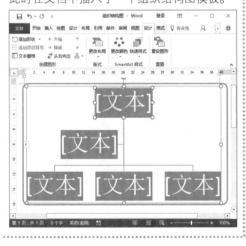

第 4 步：输入文本

在各个文本框中输入文本内容。

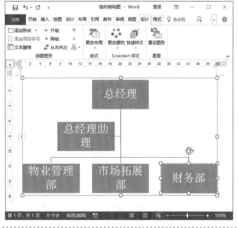

---

2. 设计组织结构图框架

在 SmartArt 图中，可以在指定形状的前、后、上、下位置添加形状，一些形状还可以添加助理形状。

这样，用户就可以根据实际需要增减 SmartArt 形状项目，设计组织结构图的整体框架，具体操作如下。

第 1 步：添加形状	第 2 步：查看添加效果
❶选择"总经理"形状，单击鼠标右键；❷在弹出的快捷菜单中单击"添加形状"→"添加助理"命令。	此时，系统自动在"总经理"形状后面添加了一个助理形状。

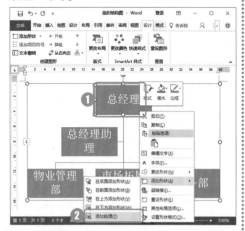

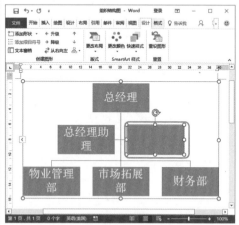

第 3 步：执行编辑文字命令	第 4 步：输入文本
❶选择新添加的形状，单击鼠标右键；❷在弹出的快捷菜单中选择"编辑文字"命令。	在新添加的文本框中输入文本"办公室"。

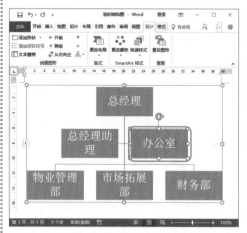

第 5 步：执行添加形状命令

❶选择"物业管理部"形状；❷切换到"SmartArt 工具-设计"选项卡；❸在"创建图形"组中单击"添加形状"按钮；❹在弹出的下拉列表中选择"添加助理"选项。

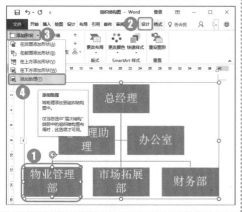

第 6 步：输入内容

此时在"物业管理部"文本框的后面添加了一个文本框。在其中输入文本"客服中心"。

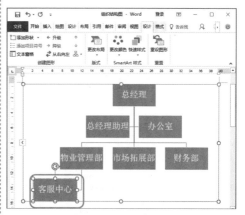

第 7 步：再次执行添加形状命令

❶选择"客服中心"形状；❷在"创建图形"组中单击"添加形状"按钮；❸在弹出的下拉列表中选择"在后面添加形状"选项。

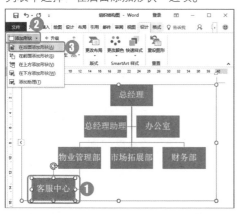

第 8 步：输入文本内容

此时在"客服中心"文本框的后面添加了一个文本框。在其中输入文本"安保中心"。

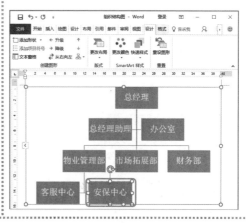

第 9 步：查看总体框架

使用同样的方法添加更多文本框，设计组织结构图的框架。

2.1.2 美化组织结构图

基本框架设计完成后，可以通过设置图形的颜色、布局、快速样式等方法美化组织结构图。

1. 更改图形颜色

Word 2016 为 SmartArt 图形中的形状设计了多种专业的颜色组合，用户可以根据需要进行选择。更改图形颜色的具体操作如下。

第 1 步：执行更改颜色命令	第 2 步：查看更改颜色效果
选择整个 SmartArt 图形，切换至 "SmartArt 工具–设计" 选项卡；❶在 "SmartArt 样式" 组中单击 "更改颜色" 按钮；❷在弹出的下拉列表中选择 "彩色范围–着色 5 至 6" 选项。	此时可以看到应用所选样式后的效果。

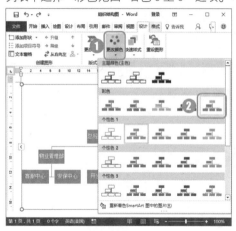
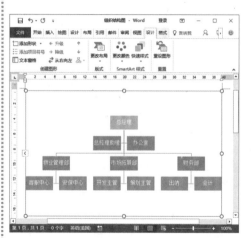

2. 使用快速样式

Word 2016 为用户提供了多种快速样式，以帮助用户快速设置 SmartArt 图形的整体外观。使用快速样式的具体操作如下。

第 1 步：执行快速样式命令

选择整个 SmartArt 图形，❶在 "SmartArt 工具–设计" 选项卡 "SmartArt 样式" 组中单击 "快速样式" 按钮；❷在弹出的下拉列表中选择 "中等效果" 选项。

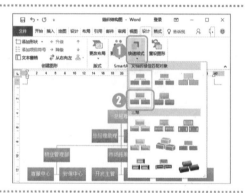

第 2 步：查看快速样式效果

此时即可看到应用所选样式后的整体外观。

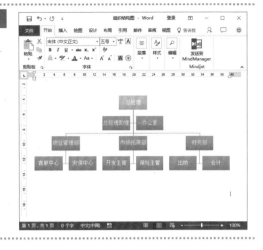

3. 更改布局

Word 2016 为用户提供了多种 SmartArt 图形的布局选项，用户可以根据需要进行更改。更改布局的具体操作如下。

第 1 步：执行更改布局命令

选择整个 SmartArt 图形，❶在"SmartArt 工具-设计"选项卡"SmartArt 样式"组中单击"更改布局"按钮；❷在弹出的下拉列表中选择"姓名和职务组织结构图"选项。

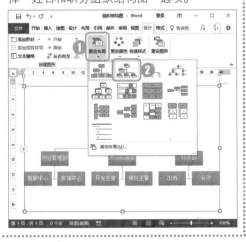

第 2 步：查看布局效果并进行完善

此时即可看到"姓名和职务组织结构图"的布局效果，用户可以根据实际需要填写各部门相关负责人的姓名。

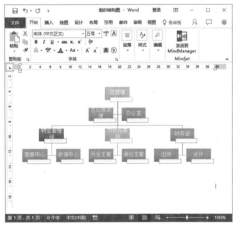

4. 美化图形面板

在 Word 文档中插入的 SmartArt 图形都是以面板为载体存在的，用户可以根据个人爱好设置面板的颜色，具体操作如下。

第1步：设置形状填充

选择整个 SmartArt 图形，❶切换至"SmartArt 工具-格式"选项卡；❷在"形状样式"组中单击"形状填充"按钮；❸在弹出的下拉列表中选择"橙色，个性色 2，淡色 80%"选项。

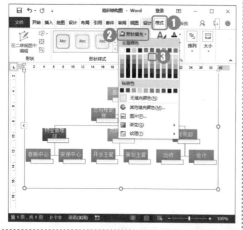

第2步：设置形状轮廓

保持 SmartArt 图形选择状态。❶在"形状样式"组中单击"形状轮廓"按钮；❷在弹出的下拉列表中选择"橙色，个性 2"。

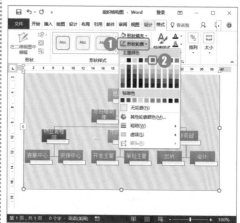

第3步：查看最终效果

到这里，组织结构图就设计完成了。

知识加油站

Word 2016 文档中的 SmartArt 文本窗格用于编辑 SmartArt 图形文本，不仅可以添加或者删除 SmartArt 形状，还可以对形状进行升级或降级等操作。在 Word 2016 中，用户可以在"SmartArt 工具-设计"选项卡中单击"创建图形"组中的"文本窗格"按钮打开 SmartArt 文本窗格，也可以单击 SmartArt 图形左侧的箭头打开 SmartArt 文本窗格。

2.2 制作员工招聘流程图

　　流程图可以清晰地展现复杂的数据，与 SmarArt 图形相比，其外观更加清楚。一个公司的运营模式、一次招聘的整体流程，都只需要一张流程图就能简单地展示出来，所以，制作流程图是办公人员必备的技能之一。本节将手把手教大家使用 Word 2016

的文本框和形状功能绘制员工招聘流程图。

"员工招聘流程图"文档制作完成后的效果如下图所示。

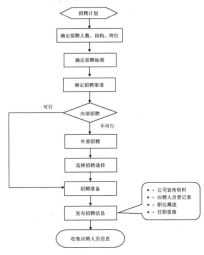

配套文件

原始文件：素材文件\第 2 章\员工招聘流程图.docx
结果文件：结果文件\第 2 章\员工招聘流程图.docx
视频文件：教学文件\第 2 章\制作员工招聘流程图.mp4

扫码看微课

2.2.1 使用文本框制作流程图标题

Word 中的文本框是矩形的，可以突出显示文本内容，非常适合展示重要的文字，如标题或引述内容等。接下来，我们使用文本框来制作流程图的标题。

1. 插入文本框

在文档中插入一个文本框，并录入文本"员工招聘流程图"，具体步骤如下。

第 1 步：执行插入文本框命令

打开"素材文件\第 2 章\员工招聘流程图.docx"文件。❶单击"插入"选项卡；❷单击"文本"组中的"文本框"下拉按钮；❸在弹出的下拉列表中选择"简单文本框"选项。

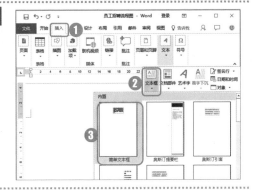

第2步：查看插入效果

此时就在文档中插入了一个简单的横向文本框。

第3步：录入文本内容

在插入的文本框中录入文本"员工招聘流程图"。

知识加油站

Word 2016 为用户提供了多种文本框类型，如简单文本框、提要型文本框、引述型文本框及竖排文本框，用户可以根据需要选择使用。

2．美化文本框

录入文本后，接下来是对文本格式和文本框的外观进行设置，使其更加醒目，具体操作步骤如下。

第1步：设置字体格式

选择文本框。❶将"字体"设置为"华文中宋"，将"字号"设置为"二号"；❷单击"加粗"按钮；❸在"段落"组中单击"居中"按钮。

第2步：移动文本框

选择文本框，将鼠标指针移动到文本框的边线上，待指针变成形状，按住鼠标左键进行拖动即可移动文本框。

第 3 步：设置无填充颜色	**第 4 步：设置无轮廓**
❶单击"绘图工具–格式"选项卡；❷在"形状样式"组中单击"形状轮廓"按钮☑右侧的下拉按钮 ▾；❸在弹出的下拉列表中选择"无填充颜色"选项。	❶在"形状样式"组中单击"形状填充"按钮；❷在弹出的下拉列表中选择"无轮廓"选项。
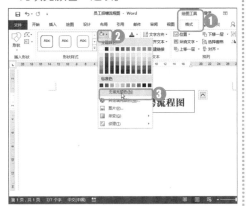	

2.2.2 使用形状绘制流程图

　　流程图是由多个形状的图形和箭头组合而成的一个整体对象。流程图中常用的形状有矩形、菱形、圆角矩形、椭圆形、直线和箭头等。

　　在流程图中，不同的形状代表不同的含义，各种形状的用途及名称如表 2-1 所示。

表 2-1　流程图中各种形状的名称及样式

编　　号	名　　称	图　　形
1	准备	
2	过程	
3	可选过程	
4	决策	
5	数据	
6	文档	
7	手动输入	
8	手动操作	
9	终止	
10	连接符	

1. 绘制流程图中的形状

　　制作流程图，首先要绘制流程图中的形状，并对它们进行合理布局。绘制形状的

具体操作如下。

第 1 步：选择"流程图：准备"选项

❶单击"插入"选项卡；❷单击"插图"组中的"形状"按钮；❸在弹出的下拉列表中选择"流程图：准备"选项。

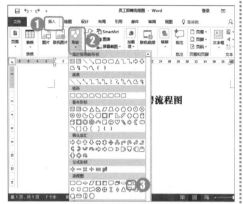

第 2 步：绘制六边形

此时即可进入形状绘制状态。拖动鼠标左键绘制一个六边形，然后调整其大小和位置。

第 3 步：执行插入矩形命令

❶单击"插入"选项卡；❷单击"插图"组中的"形状"按钮；❸在弹出的下拉列表中选择"矩形"选项。

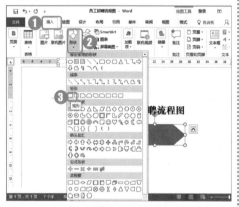

第 4 步：绘制矩形

拖动鼠标左键绘制一个矩形，然后调整其大小和位置。

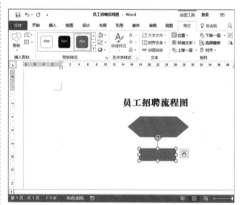

第 5 步：继续绘制矩形

使用同样的方法在下方绘制 2 个矩形。

第 6 步：执行插入决策形状

❶单击"插图"组中的"形状"按钮；❷在弹出的下拉列表中选择"流程图：决策"选项。

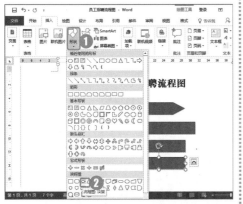

第 7 步：绘制菱形

拖动鼠标左键绘制一个菱形，然后调整其大小和位置。

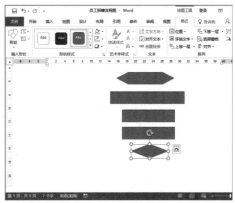

第 8 步：再次绘制矩形

在菱形的下方绘制 4 个矩形，并调整其大小和位置。

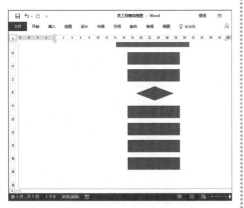

第 9 步：选择"流程图：终止"选项

❶单击"插入"选项卡 "插图"组中的"形状"按钮；❷在弹出的下拉列表中选择"流程图：终止"选项。

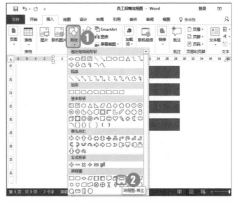

第 10 步：绘制椭圆形

拖动鼠标左键绘制一个椭圆形,然后调整其大小和位置。

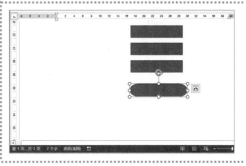

第 11 步：在形状中录入文字

在插入的形状中分别录入文字。

第 12 步：执行插入圆角矩形标注命令

❶单击"插图"组中的"形状"按钮；❷在弹出的下拉列表中选择"圆角矩形标注"选项。

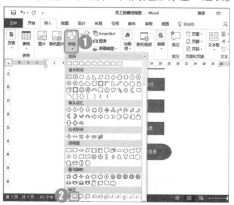

第 13 步：绘制圆角矩形标注

拖动鼠标左键绘制一个圆角矩形标注，然后调整其大小和位置。

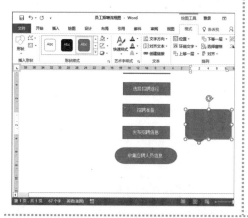

第 14 步：调整连接点的位置

插入的圆角矩形标注上有一个黄色的"端点"按钮。选中这个端点，拖动鼠标左键，将其连接到矩形"发布招聘信息"处。

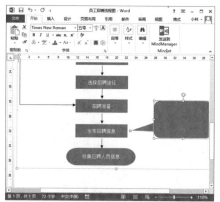

第 15 步：录入标注内容

在插入的圆角矩形标注形状中录入文字。

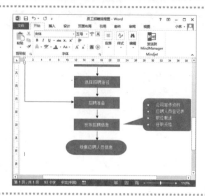

2. 绘制连接符

一般情况下，流程图中的各种形状都是通过箭头或直线进行连接的，此时，箭头或直线就是图形之间的连接符。绘制连接符的具体操作如下。

第 1 步：执行插入箭头命令	第 2 步：绘制箭头
❶单击"插入"选项卡；❷单击"插图"组中的"形状"按钮；❸在弹出的下拉列表中选择"箭头"选项。	将鼠标指针移至形状"招聘计划"下边线的中间位置，按下"Shift"键同时向下拖动鼠标，即可绘制一个箭头。将其连接到下一个图形。

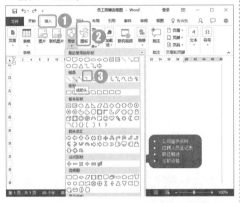

第 3 步：绘制其他箭头	第 4 步：执行插入直线命令
使用同样的方法绘制其他箭头，将所有形状连接起来。	❶单击"插入"选项卡；❷单击"插图"组中的"形状"按钮；❸在弹出的下拉列表中选择"直线"选项。

第 5 步：绘制直线

将鼠标指针移至形状"内部招聘"左侧边线的中间位置，按下"Shift"键同时向左拖动鼠标，即可绘制一条直线。

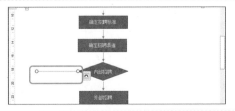

第6步：连接到"招聘准备"图形

继续绘制直线和箭头，将形状"内部招聘"与形状"招聘准备"连接。

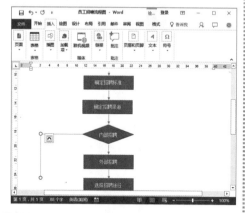

第7步：绘制"判断"文本框

在形状"内部招聘"的左上方和右下方分别插入一个文本框，在其中输入内容，并将文本框的格式设置为"无填充"、"无颜色"。

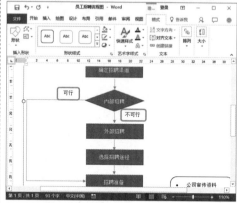

2.2.3 美化流程图

流程图绘制完成，可以应用形状样式进行美化，还可以将其组合为一个整体。

1. 应用形状样式

Word 2016 为用户提供了多种形状样式，用户可以根据个人喜好使用合适的形状样式美化流程图，具体操作如下。

按住"Shift"键选中文档中的所有形状和连接符。❶切换至"绘图工具-格式"选项卡；❷单击"形状样式"组中的"彩色轮廓-黑色，深色 1"选项。此时，选中的图形就会应用该样式。

2. 组合形状

编排 Word 文档时，为了使图形看起来更加美观，通常会将其组合为一个整体，并将其衬于文字下方，具体操作如下。

第 1 步：执行组合命令

按住 "Shift" 键选中文档中的所有形状和连接符。单击鼠标右键；在弹出的级联菜单中选择 "组合" → "组合" 命令。此时，即可将选中的所有对象组合为一个整体。

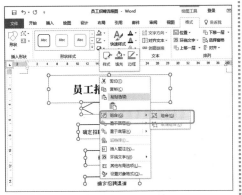

第 2 步：执行其他布局选项命令

选择组合的整体对象。单击鼠标右键；在弹出的快捷菜单中选择 "其他布局选项" 命令。

第 3 步：设置环绕方式

❶在弹出的 "布局" 对话框中单击 "文字环绕" 选项卡；❷在 "环绕方式" 组中选择 "嵌入型" 选项；❸单击 "确定" 按钮。

第 4 步：查看最终效果

到这里，员工招聘流程图就制作完成了。

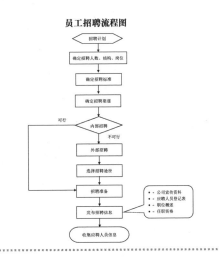

2.3 制作企业内刊

　　企业内刊是企业内部自办的电子报刊。随着办公自动化的发展，Word 的图文混排功能在编辑和制作电子报刊领域的应用越来越广泛。本节主要介绍如何使用 Word 2016 制作企业内刊。

"企业内刊"文档制作完成后的效果如下图所示。

配套文件

原始文件：素材文件\第 2 章\企业内刊.docx
结果文件：结果文件\第 2 章\企业内刊.docx
视频文件：教学文件\第 2 章\制作企业内刊.mp4

扫码看微课

2.3.1 设置整体版面

　　制作电子报刊，首先要确定纸张的大小、方向和主要板块，并在纸面上给标题文字和图片留出空间，然后把剩余空间分配给各篇稿件，对每篇稿件的标题和题图的大概位置都要做到心中有数，同时要注意布局的整体协调性和美观性。

　　电子报刊通常采用 A3 幅面的纸张横向双栏排版，具体操作如下。

第 1 步：执行页面设置命令

打开"素材文件\第 2 章\企业内刊.docx"文件。
❶单击"布局"选项卡；❷单击"页面设置"组中的"对话框启动器"按钮。

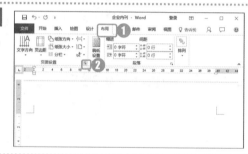

第 2 步：设置纸张大小

❶在弹出的"页面设置"对话框中单击"纸张"选项卡；❷在"纸张大小"下拉列表中选择"A3"选项。

第 3 步：设置纸张方向

❶在"页面设置"对话框中单击"页边距"选项卡；❷在"纸张方向"组中选择"横向"选项；❸单击"确定"按钮。

第 4 步：执行页面边框命令

❶单击"设计"选项卡；❷在"页面背景"组中单击"页面边框"按钮。

第 5 步：设置页面边框

❶在弹出的"边框和底纹"对话框中单击"页面边框"选项卡；❷在"艺术型"下拉列表中选择一种合适的边框样式；❸单击"确定"按钮确认。

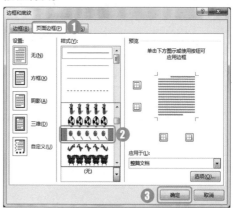

第 6 步：查看页面边框效果

此时即可为文档页面添加选中的边框样式。

第 7 步：添加竖排文本框

在文档中绘制一个竖排文本框，输入文字，然后设置文本框的格式，并将其拖动到文档的居中位置，使其起到分栏的作用。

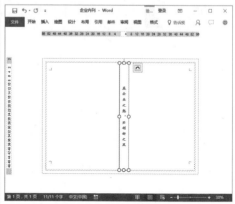

2.3.2 设置刊头和页眉

电子报刊通常会有固定的刊头和页眉。刊头和页眉通常包括公司 Logo、公司名称、刊物名称、出版期数、主办单位等。

通过插入文本框和艺术字可以设置刊头和页眉，具体操作如下。

第 1 步：插入公司 Logo

在文档中插入公司 Logo，并在其上单击鼠标右键，在弹出的快捷菜单中选择"大小和位置"命令。

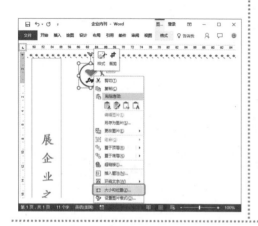

第 2 步：设置图片的环绕方式

打开"布局"对话框。❶单击"文字环绕"选项卡；❷在"环绕方式"组中选择"浮于文字上方"选项；❸单击"确定"按钮。

第3步：插入"公司名称"文本框

在公司 Logo 图片的下方插入一个文本框，输入公司名称，并设置文本框的格式。

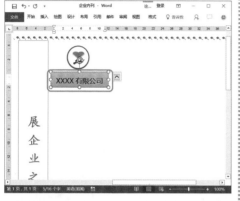

第4步：插入"报名"文本框

在右侧版面的居中位置插入一个文本框，输入刊物名称"新思路"，并设置文本框的格式。

第5步：设置报刊信息栏

在右侧版面的右上角插入一个文本框，输入报刊信息，并设置文本框的格式。

第6步：执行插入表格命令

❶单击"插入"选项卡；❷在"表格"组中单击"表格"按钮；❸在弹出的下拉列表中选择"插入表格"选项。

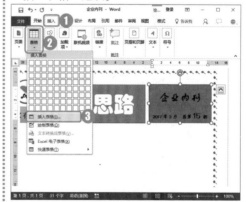

第7步：设置行数与列数

此时将弹出"插入表格"对话框。❶在"列数"微调框中输入"1"；❷在"行数"微调框中输入"1"；❸单击"确定"按钮。

第 8 步：执行表格属性命令

选中插入的表格，单击鼠标右键，在弹出的快捷菜单中选择"表格属性"命令。

第 9 步：设置表格的环绕方式

此时将弹出"表格属性"对话框。❶在"文字环绕"组中选择"环绕"选项；❷单击"确定"按钮。

第 10 步：调整表格位置

调整表格宽度并将其拖动到刊头的下方。

第 11 步：录入表格内容

在插入的表格中录入主办单位和编辑人员的信息，并调整字体的格式。

第 12 步：执行边框和底纹命令

选择整个表格，❶单击"开始"选项卡；❷在"段落"组中单击"边框和底纹"按钮；❸在弹出的下拉列表中选择"边框和底纹"选项。

第 13 步：设置边框

此时将弹出"边框和底纹"对话框。❶在"颜色"下拉列表中选择"白色，背景 1，深色 50%"选项卡；❷在"宽度"下拉列表中选择"1.5 磅"选项；❸在右侧的预览界面中单击"左边框"和"右边框"按钮；❹单击"确定"按钮。

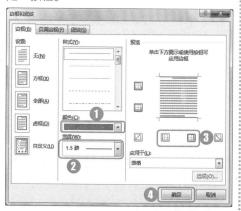

第 14 步：查看边框设置效果

此时即可为表格添加上、下边框。到这里，刊头就设置完成了。

第 15 步：设置刊眉

使用同样的方法，通过插入形状、图片、文本框等为左侧版面设置刊眉。

2.3.3 设置版面内容

电子报刊通常采用艺术字、文本框和图片相结合的模式对报刊的各个版面进行编排，具体操作如下。

1. 设置头版头条

在常见的报刊中，头版头条通常是当期刊物中最重要的、最有意义的内容。头版头条通常采用大标题进行设置，以吸引读者的眼球。

接下来，我们通过插入艺术字和文本框设置头版头条，具体操作如下。

第1步：执行插入艺术字命令

❶单击"插入"选项卡；❷在"文本"组中单击"艺术字"按钮；❸在弹出的下拉列表中选择"填充-黑色，文本1，阴影"选项。

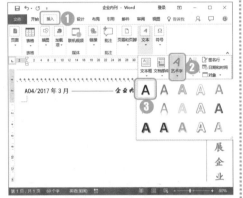

第2步：录入艺术字

此时即可在文档中插入一个艺术字文本框。在文本框中录入文本"精诚合作，共创美丽事业"，并将文本框拖动到合适的位置。

第3步：设置头条的副标题

通过插入直线和文本框设置头条的副标题。

第4步：编排图片

在文档中插入合适的新闻图片，将所有图片的"环绕方式"设置为"浮于文字上方"，然后拖动图片以调整图片的位置。

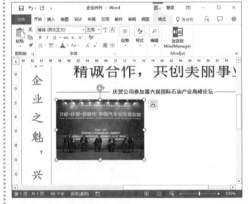

第5步：设置头条内容

在文本中插入多个文本框，并对文本框的边框进行美化。输入头条信息，进行合理排版。到这里，头版头条就设置完成了。

2. 设置其他版面

使用类似的方法，通过插入图片、艺术字、文本框及形状等内容编排电子报刊的其他版面，效果如下图所示。

高手秘籍　实用操作技巧

通过前面的学习，相信读者朋友已经掌握了 Word 图文混排功能的相关基础知识。下面结合本章内容，介绍一些实用技巧。

配套文件

原始文件：素材文件\第 2 章\实用技巧\
结果文件：结果文件\第 2 章\实用技巧\
视频文件：教学文件\第 2 章\高手秘籍\

Skill 01　固定图片位置使其不随段落移动

Word 2016 内置了多种图片的文字环绕方式。默认情况下，在 Word 文档中插入的图片是嵌入型的。用户可以通过设置图片的文字环绕方式、更改位置选项、撤选"对象随文字移动"复选框定位图片在文档中的准

确位置。一旦定位，则无论文字和段落位置如何改变，图片的位置都不会发生变化，具体操作如下。

第1步：执行大小和位置命令

在插入的图片上单击鼠标右键，在弹出的快捷菜单中选择"大小和位置"选项。

第2步：设置环绕方式

此时将弹出"布局"对话框。❶单击"文字环绕"选项卡；❷在"环绕方式"组中选择"衬于文字下方"选项。

第3步：更改位置选项

❶单击"位置"选项卡；❷在"选项"组中撤选"对象随文字移动"复选框；❸单击"确定"按钮。

第4步：查看设置效果

此时，图片衬于文字下方，无论文字和段落的位置如何改变，图片的位置都不会发生变化。

知识加油站

　　Word 2016 提供了 7 种文字环绕方式，除了"嵌入型"，其他任意一种环绕方式都可以通过在位置选项中撤选"对象随文字移动"复选框来固定图片的位置。

Skill 02　快速应用图片样式

Word 2016 内置了 28 种图片样式，可以帮助用户快速进行图片美化。快速应用图片样式的具体操作方法如下。

第 1 步：设置图片样式

选择图片。❶在"图片工具"栏中单击"设计"选项卡；❷单击"图片样式"组中的"快速样式"按钮；❸在弹出的下拉列表中选择"图形对角，白色"命令。

第 2 步：查看样式效果

此时图片将应用所选样式。

Skill 03　快速美化文本框的边线

默认情况下，Word 文档中的文本框都带有黑色的直线边框，用户可以通过更改文本框的形状轮廓重新设置边框的颜色和线型，使其更加美观。美化文本框的具体操作步骤如下。

第 1 步：设置边框颜色

选中文本框。❶在"绘图工具"栏中单击"格式"选项卡；❷在"形状样式"组中单击"形状轮廓"按钮；❸在弹出的下拉列表中选择"红色"选项。

第 2 步：设置边框线条粗细

❶单击"形状样式"组中的"形状轮廓"按钮；❷在弹出的级联菜单中选择"粗细"→"3 磅"选项。

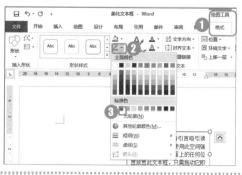

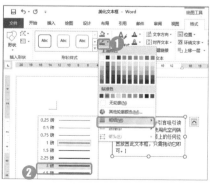

第3步：设置边框线形	第4步：查看边框效果

❶单击"形状样式"组中的"形状轮廓"按钮；
❷在弹出的级联菜单中选择"虚线"→"方点"选项。

文本框的边框美化完毕。

知识加油站

美化文本框边框的方法同样适用于各种形状，只需对"形状轮廓"进行调整即可。此外，还可以使用这种方法美化艺术字的边线。

本章小结

本章结合实例主要讲述了 Word 2016 的图文混排功能，进一步强调图形、图片、文本框及艺术字在文档编排中的重要作用。本章的重点是让读者掌握 SmartArt 模板的应用，使用形状和文本框绘制流程图的方法，以及电子报刊的编排技巧等。通过本章的学习，读者能够掌握 Word 2016 的图文混排技能，轻松完成简单的图文编排任务。

第 3 章

Word 表格的编辑与应用

本章导读

　　使用 Word 2016 提供的表格和图表功能，可以清晰、简洁地展现和分析数据。本章以制作员工招聘登记表、员工考核成绩表和月度销售报告为例，介绍表格和图表在 Word 文档中的应用。

知识要点

- ➲ 创建表格的几种方法
- ➲ 合并和拆分单元格
- ➲ 表格的美化操作
- ➲ 表格中数据的计算方法
- ➲ 图表的创建技巧
- ➲ 图表的美化技巧

案例展示

实战应用 跟着案例学操作

3.1 制作员工招聘登记表

　　招聘是人力资源管理部门的一项重要工作。人事专员通常会设计一份员工招聘登记表来记录员工的个人信息。本节详细介绍使用 Word 2016 的表格功能制作员工招聘登记表的具体步骤。

　　"员工招聘登记表"制作完成后的效果如下图所示。

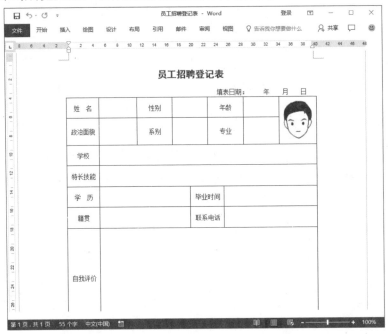

 配套文件

原始文件：素材文件\第3章\员工招聘登记表.docx
结果文件：结果文件\第3章\员工招聘登记表.docx
视频文件：教学文件\第3章\制作员工招聘登记表.mp4

扫码看微课

3.1.1 创建员工招聘登记表

　　使用 Word 2016 的表格编辑功能，可以在文档中插入表格，对单元格进行合并或拆分，以及调整行高和列宽。

1. 插入表格

在 Word 2016 文档中插入一个 8 行 2 列的表格，操作步骤如下。

第 1 步：执行插入表格命令	第 2 步：设置行数和列数
❶ 单击"插入"选项卡；❷ 在"表格"组中单击"表格"按钮；❸ 在弹出的下拉列表中选择"插入表格"选项。	此时将弹出"插入表格"对话框。❶ 在"列数"微调框中输入"2"；在"行数"微调框中输入"8"；❷ 单击"确定"按钮。

第 3 步：查看插入效果	**第 4 步：调整列宽**
此时即可在文档中插入一个 8 行 2 列的表格。	将鼠标指针移动到表格的列边线上，此时鼠标指针变成 ⇔ 形状，按住鼠标左键不放，左右拖动即可调整列宽。
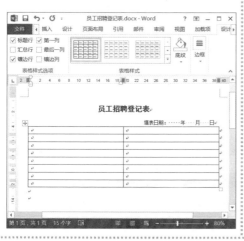	

2. 拆分与合并单元格

插入表格后，用户可以根据实际需要合并或拆分单元格，具体操作如下。

第1步：执行拆分单元格命令

将光标定位在要拆分的单元格中；单击鼠标右键，在弹出的快捷菜单中选择"拆分单元格"命令。

第2步：设置拆分行数和列数

此时将弹出"拆分单元格"对话框。❶在"列数"微调框中输入"6"；❷在"行数"微调框中输入"1"；❸单击"确定"按钮。

第3步：拆分其他单元格

使用同样的方法对其他单元格进行拆分。

第4步：执行合并单元格命令

选择要合并的单元格区域；单击鼠标右键，在弹出的快捷菜单中选择"合并单元格"选项。

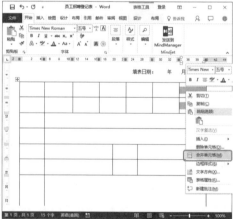

第5步：查看合并效果

此时，选择的单元格区域就合并成一个单元格了。

疑难解答

Q：除了单击鼠标右键执行拆分或合并单元格命令外，还有其他方法吗？

A：还可以选中单元格区域，切换至"表格工具–布局"选项卡，在"合并"组中单击"合并单元格"或"拆分单元格"按钮，执行合并或拆分操作。

3. 调整行高和列宽

插入表格后，用户可以根据实际需要调整行高或列宽，具体操作如下。

第 1 步：调整列宽

将鼠标指针移动到要调整的单元格的列边线上，此时鼠标指针变成 ◆┃◆ 形状，按住鼠标左键不放，左右拖动即可调整列宽。

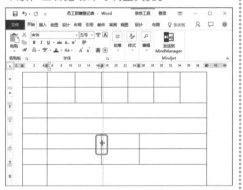

第 2 步：查看列宽调整效果

列宽调整完毕。

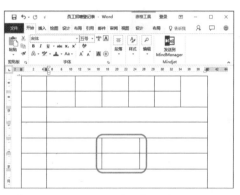

第 3 步：调整表格大小

将鼠标指针移动到整个表格的右下角，按住鼠标左键不放，此时鼠标指针变成 ✛ 形状，上、下、左、右拖动鼠标，即可调整整个表格的大小、行高和列宽。

第 4 步：查看调整效果

调整完毕。

第 5 步：调整行高

如果要单独调整某行的行高，可将鼠标指针移动到该行的下边线上，此时鼠标指针变成╪形状，按住鼠标左键不放，上下拖动即可调整行高。

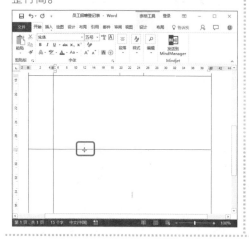

第 6 步：输入表格内容

使用同样的方法调整其他行的行高，输入表格内容。

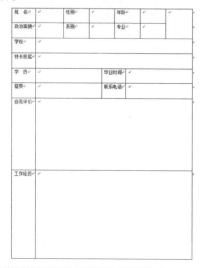

3.1.2 为表格添加装饰

表格创建完成后，可以设置表格和表内文字的对齐方式并插入图片，让表格更加整齐、美观。

1. 设置对齐方式

设置表格和表内文字的对齐方式，具体操作如下。

第 1 步：设置表格对齐方式

选择整个表格。❶单击"开始"选项卡；❷在"对齐方式"组中单击"水平居中"按钮═。

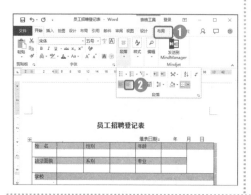

第 2 步：设置表内文字对齐方式

保持整个表格选中状态。❶切换至"表格工具–布局"选项卡；❷在"对齐方式"组中单击"水平居中"按钮。

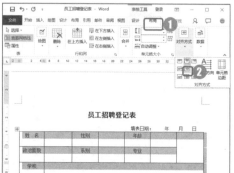

2. 插入图片

在一些信息类表格的设计中，通常会用到个人照片。此时，可以通过插入图片功能在表格中添加个人照片，具体操作如下。

第 1 步：执行插入图片命令

❶将光标定位在要插入图片的单元格中；❷单击"插入"选项卡；❸在"插图"组中单击"图片"按钮。

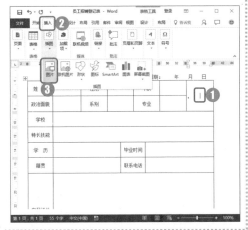

第 2 步：选择图片

此时将弹出"插入图片"对话框。❶在素材文件中选择"照片.jpg"；❷单击"插入"按钮。

第 3 步：查看插入效果

此时即可在选定的单元格中插入图片。

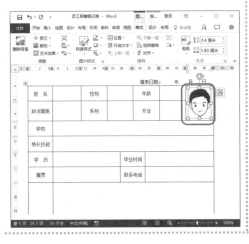

第 4 步：手动调整图片大小

将鼠标指针移动到图片的右下角，按住鼠标左键不放，此时鼠标指针变成十形状，拖动鼠标即可调整图片的大小。

第 5 步：查看最终效果

到这里，"员工招聘登记表"就制作完成了。

 知识加油站

　　除直接在文档中插入固定行数和列数的表格外，还可以使用 Word 2016 的"表格画笔"功能绘制各种表格。单击"插入"选项卡，在"表格"组中单击"表格"按钮，在弹出的下拉列表中选择"绘制表格"选项，此时，文档中的鼠标指针变成"画笔"形状，即可绘制各种表格。此外，还可以使用"表格画笔"在已有的表格中拆分行或列。

3.2　制作员工业绩考核表

　　员工业绩考核表是评价员工绩效的重要表格。本节主要介绍如何在 Word 2016 中创建员工业绩考核表，并对表格数据进行数学运算。

　　"员工业绩考核表"制作完成后的效果如下图所示。

2017 年度员工业绩考核表

姓名	一季度业绩	二季度业绩	三季度业绩	四季度业绩	合计
张三	78400	50000	67850	85000	281250
李四	65000	82000	69870	90200	307070
周五	59700	68700	58200	10500	197100
王六	77000	77800	62540	88000	305340
陈七	91200	80230	71000	86000	328430
合计	371300	358730	329460	359700	1419190

配套文件

原始文件：素材文件\第 3 章\员工业绩考核表.docx
结果文件：结果文件\第 3 章\员工业绩考核表.docx
视频文件：教学文件\第 3 章\制作员工业绩考核表.mp4

扫码看微课

3.2.1 创建员工业绩考核表

在 Word 2016 文档中创建表格的方法有很多种。接下来，我们通过"表格"面板，直接用鼠标拖选固定行数和列数的表格，具体操作如下。

第 1 步：拖选创建表格	第 2 步：查看插入的表格
打开"素材文件\第 3 章\员工业绩考核表.docx"文件。❶单击"插入"选项卡；❷在弹出的"表格"面板中拖选"6×7"表格。	此时即可在文档中插入一个 6 列 7 行的表格。

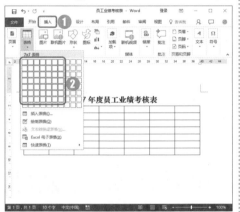

第 3 步：录入表格数据

在插入的表格中录入数据。

在 Word 文档中插入表格的方法主要包括如下 5 种。

① 直接插入固定行和列的表格

② 使用画笔绘制表格

③ 插入电子表格

④ 插入快速表格

⑤ 在表格面板中直接拖选创建表格

2017 年度员工业绩考核表

姓名	一季度业绩	二季度业绩	三季度业绩	四季度业绩	合计
张三	78400	50000	67850	85000	
李四	65000	82000	69870	90200	
周五	59700	68700	58200	10500	
王六	77000	77800	62540	88000	
陈七	91200	80230	71000	86000	
合计					

3.2.2 为表格添加装饰

表格创建完成后，可以使用表格样式美化表格，具体操作如下。

<table>
<tr><td>

第1步：执行表格样式命令

选中表格。❶切换至"表格工具-设计"选项卡；❷在"表格样式"组中单击"其他"按钮▾。

</td><td>

第2步：选择表格样式

在弹出的下拉列表中选择"网格表6彩色"。

</td></tr>
</table>

第3步：应用表格样式的效果

表格将应用所选样式。

3.2.3 计算表格数据

在 Word 2016 中，"表格工具-布局"选项卡的"数据"组提供了插入公式的功能。用户可以借助 Word 2016 提供的数学公式及运算功能对表格中的数据进行数学运算，包括加、减、乘、除、求和、求平均值等。接下来，对员工的年度销售业绩进行汇总计算，具体操作如下。

<table>
<tr><td>

第1步：执行插入公式命令

❶将光标定位在要插入公式的单元格中；❷切换至"表格工具-布局"选项卡；❸在"数据"组中单击"公式"按钮。

</td><td>

第2步：设置公式

此时将弹出"公式"对话框，在"公式"文本框中自动显示公式"=SUM(LEFT)"，单击"确定"按钮。该公式表示对单元格左侧的数据求和。

</td></tr>
</table>

第 3 步：查看求和结果

此时，选择的单元格会自动应用求和公式。

第 4 步：复制并粘贴公式

将求和公式复制并粘贴到下方的 4 个单元格中。

第 5 步：再次执行插入公式命令

❶将光标定位在要插入公式的单元格中；❷切换至"表格工具-布局"选项卡；❸在"数据"组中单击"公式"按钮 。

第 6 步：设置公式

此时将弹出"公式"对话框。❶在"公式"文本框中会自动显示公式"=SUM(ABOVE)"；❷单击"确定"按钮。该公式表示对单元格上方的数据求和。

第 7 步：查看求和结果

此时，选中的单元格就自动应用求和公式。

第 8 步：复制并粘贴公式

将求和公式复制并粘贴到右侧的4个单元格中。

第 9 步：更新域	第 10 步：查看数据更新结果
按下 "Ctrl+A" 组合键，选中整篇文档，单击鼠标右键,在弹出的快捷菜单中选择"更新域"选项。	此时，之前复制并粘贴的数据就会自动更新。

3.3　制作月度销售统计图

　　Word 2016 自带各种各样的图表，如柱形图、折线图、饼图、条形图、面积图、散点图等。本节主要介绍如何使用 Word 2016 的图表功能制作月度销售统计图。

　　"月度销售统计图"制作完成后的效果如下图所示。

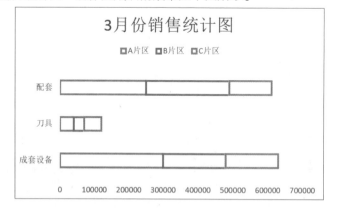

配套文件

原始文件：素材文件\第 3 章\月度销售统计图.docx
结果文件：结果文件\第 3 章\月度销售统计图.docx
视频文件：教学文件\第 3 章\制作月度销售统计图.mp4

扫码看微课

3.3.1 创建销售统计图

在 Word 2016 文档中创建图表的方法非常简单。因为 Word 2016 自带了很多类型的图表,所以,用户只需在文档中插入图表,然后编辑数据,图表就会随着数据的变化而自动变化。创建销售图表的具体操作如下。

第 1 步:执行插入图表命令	第 2 步:选择图表类型
打开"素材文件\第 3 章\月度销售统计图.docx"文件,❶将光标定位在要插入图表的位置。❷单击"插入"选项卡;❸单击"插图"组中的"图表"按钮。	此时将弹出"插入图表"对话框。❶单击"柱形图"选项卡;❷在右侧面板中选择"簇状柱形图"选项;❸单击"确定"按钮。

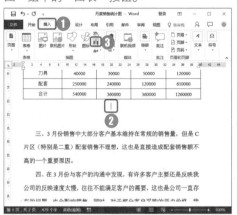

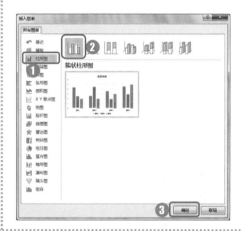

第 3 步:查看插入的图表	第 4 步:录入数据
此时即可在文档中插入一个簇状柱形图,并弹出电子表格编辑界面。	在电子表格中录入数据,然后删除多余的行和列。

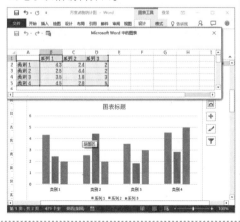

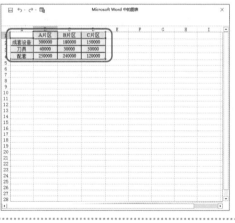

第 5 步：定位鼠标指针

将鼠标指针定位到单元格 D5 的右下角，此时鼠标指针变成 形状。

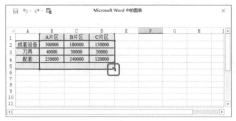

第 6 步：删除数据系列

按住鼠标左键，向上拖动到含有数据的区域为止。此时就可以删除多余的数据系列了。

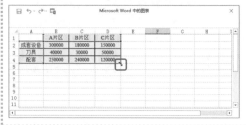

第 7 步：关闭电子表格

单击电子表格编辑界面右上角的"关闭"按钮，即可关闭电子表格。

第 8 步：查看图表变化

返回 Word 2016 界面，此时图表内容会随着电子表格中数据的变化而自动变化。

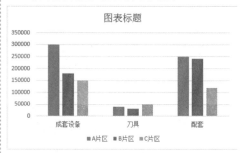

3.3.2 美化图表

销售统计图创建完成后，可以通过调整图表大小、设置对齐方式、编辑图表标题、应用快速样式、更改图表类型、修改图表数据等方式美化图表，具体操作如下。

第 1 步：调整图表大小

选中整个图表，将鼠标指针定位到图表的右下角，此时鼠标指针变成 形状。按住鼠标左键向右上方拖动即可缩小图表。

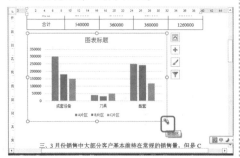

第 2 步：设置对齐方式

选择图表。❶单击"开始"选项卡；❷在"段落"组中单击"居中"按钮 。

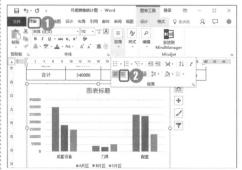

第 3 步：编辑图表标题

选择图表的标题，将其更改为"3 月份销售统计图"。

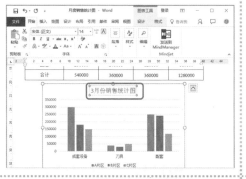

第 4 步：执行快速样式命令

选择图表。❶切换至"图表工具-设计"选项卡；❷在"图表样式"组中单击"快速样式"按钮，在弹出的下拉列表中选择"样式 10"选项。

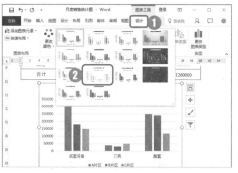

第 5 步：查看样式效果

此时，图表就应用了选择的样式。

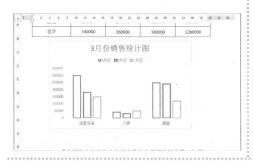

第 6 步：执行更改图表类型命令

选择图表。❶切换至"图表工具-设计"选项卡；❷在"类型"组中单击"更改图表类型"按钮。

第 7 步：选择图表类型

此时将弹出"更改图表类型"对话框。❶单击"条形图"选项卡；❷在右侧面板中选择"堆积条形图"选项；❸单击"确定"按钮。

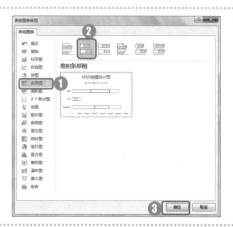

第8步：查看更改效果

此时，原有的簇状柱形图就变成了堆积条形图。

第9步：执行编辑数据命令

选择图表。❶切换至"图表工具-设计"选项卡；❷在"数据"组中单击"编辑数据"按钮。

第10步：编辑数据

此时将弹出电子表格编辑界面，在此可对数据进行编辑。编辑完成后单击"关闭"按钮退出即可。

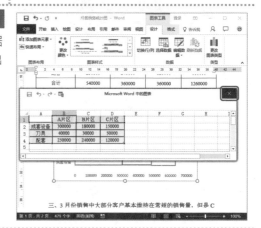

高手秘籍　实用操作技巧

　　通过前面的学习，相信读者朋友已经掌握了 Word 2016 表格的编辑与应用方面的相关基础知识。下面结合本章内容，介绍一些实用技巧。

配套文件

原始文件：素材文件\第3章\实用技巧\

结果文件：结果文件\第3章\实用技巧\

视频文件：教学文件\第3章\高手秘籍\

Skill 01　巧用 "Enter" 键增加表格行

在表格的制作过程中，经常需要增加行。除了单击鼠标右键并在弹出的快捷菜单中执行 "插入" 命令增加行以外，还可以使用键盘上的 "Enter" 键快速增加行，具体操作如下。

第1步：定位光标

将光标定位在表格中要在下方增加行的行右侧，如表格第2行的右侧。

第2步：按 "Enter" 键

按 "Enter" 键，即可在该行的下方增加一行。

Skill 02　快速制作三线表

在表格的使用过程中，尤其是在论文的写作和编排中，经常会用到三线表。三线表是指只有上边框和下边框，以及标题行下面的细边框的表格。在 Word 2016 中设置三线表的具体操作方法如下。

第1步：选择 "边框和底纹" 选项

选择表格。❶单击 "开始" 选项卡；❷单击 "段落" 组中的 "边框" 按钮；❸在弹出的下拉列表中选择 "边框和底纹" 选项。

第2步：取消表格的原有边框

此时将弹出 "边框和底纹" 对话框。❶单击 "边框" 选项卡；❷在 "设置" 组中选择 "无" 选项，即可取消表格的原有边框。

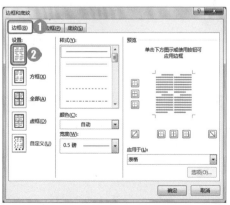

第3步：设置上、下边框

❶在"宽度"下拉列表中选择"1.5磅"选项；❷在右侧的面板中直接单击"上边框"和"下边框"按钮；❸单击"确定"按钮。

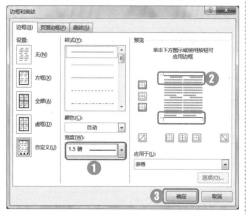

第4步：再次选择"边框和底纹"选项

选中标题行。❶单击"开始"选项卡；❷单击"段落"组中的"边框"按钮；❸在弹出的下拉列表中选择"边框和底纹"选项。

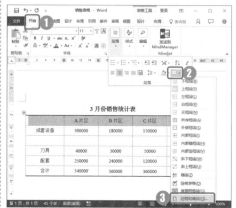

第5步：设置标题行下边框

❶在"宽度"下拉列表中选择"0.5磅"选项；❷在右侧的面板中直接单击"下边框"按钮；❸单击"确定"按钮。

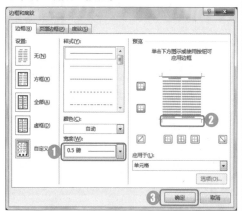

第6步：查看设置效果

三线表设置效果完毕。

Skill 03　快速拆分表格

　　在编辑表格的过程中，如果表格行数较多，就会遇到表格跨页的情况，此时可以根据实际需要对表格进行拆分。不过，表格只能从行拆分，不能从列拆分。拆分表格的具体步骤如下。

第 1 步：执行拆分表格命令	第 2 步：查看拆分效果
将光标定位在要拆分的分界行的任意单元格中。❶切换至"表格工具-布局"选项卡；❷在"合并"组中单击"拆分表格"按钮。	此时，之前的表格就以光标所在单元格的上边框为界，拆分成了两个表格。

本章小结

　　本章结合实例讲述了表格和图表在文档编排中的应用。本章的重点是让读者掌握 Word 2016 文档中表格的创建方法、表格的修饰和美化技巧，以及图表的创建和美化技巧等。通过本章的学习，读者能够初步掌握 Word 2016 的表格和图表操作，轻松完成表格和图表的排版。

第 4 章

Word 样式与模板的应用

本章导读

　　Word 2016 提供了强大的样式与模板功能。使用这些功能，可以实现文档的快速创建和编排。本章以制作年度总结报告、报告文件模板和行业分析报告为例，介绍样式与模板功能在 Word 2016 文档中的应用。

知识要点

- ➲ 套用内置样式
- ➲ 使用样式窗格
- ➲ 插入并编辑目录
- ➲ 创建模板文件
- ➲ 自定义模板样式
- ➲ 下载和编辑内置模板

案例展示

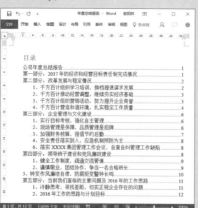

实战应用 跟着案例学操作

4.1 应用样式制作年度总结报告

　　总结报告是做好各项工作的重要环节。公司各部门每年都要对本年度的工作进行总结，并对下一年度的工作进行规划。本节主要介绍如何通过 Word 2016 的样式功能制作年度总结报告并生成目录。

　　"年度总结报告"制作完成后的效果如下图所示。

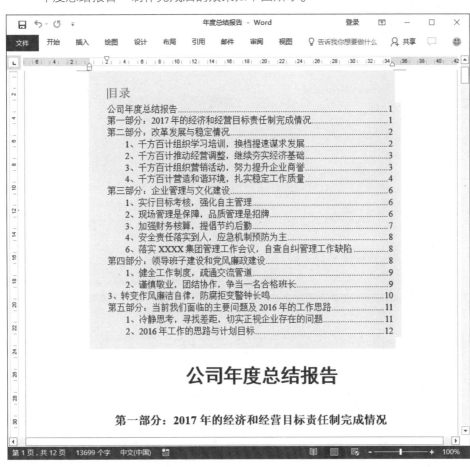

配套文件

原始文件：素材文件\第 4 章\年度总结报告.docx
结果文件：结果文件\第 4 章\年度总结报告.docx
视频文件：教学文件\第 4 章\应用样式制作年度总结报告.mp4

扫码看微课

4.1.1 套用系统内置样式

Word 2016 自带了一个形式多样的样式库，用户可以直接套用内置样式设置文档格式，具体操作如下。

第 1 步：打开素材文件

打开"素材文件\第 4 章\年度总结报告.docx"文件。

第 2 步：套用样式

❶选择文档标题。❷单击"开始"选项卡；❸在"样式"组中选择"标题"样式。此时，文档标题就套用了所选样式。

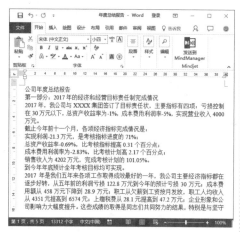

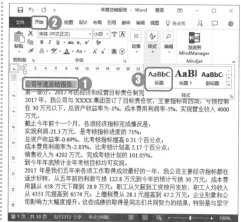

疑难解答

Q：如果对套用的样式不满意，应如何清除样式呢？

A：选中应用样式的文本段落，单击"开始"选项卡，在"样式"组中单击"其他"按钮，在弹出的下拉列表中选择"清除格式"选项即可清除样式。

4.1.2 使用样式窗格

在 Word 2016 的"样式"窗格中显示了全部的样式列表，在这里还可以完成选择样式、新建样式和修改原有样式等操作。

1. 打开"样式"窗格

打开样式窗格的具体操作如下。

第 1 步：选择"对话框启动器"选项	**第 2 步：查看"样式"窗格**
❶单击"开始"选项卡；❷在"样式"组中单击"对话框启动器"按钮。	此时，在文档窗口的右侧将弹出一个"样式"窗格，其中显示了多种文本和段落样式。

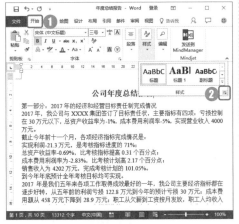 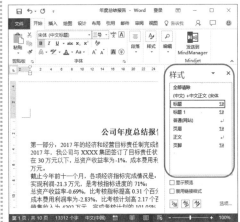

2. 显示所有样式

在默认情况下，"样式"窗格中只显示"当前文档中的样式"，用户可以根据需要选择要显示的样式类型，具体操作如下。

第 1 步：单击"选项"按钮	**第 2 步：选择显示类型**
在"样式"窗格中单击"选项"按钮。	此时将弹出"样式窗格选项"对话框。❶在"选择要显示的样式"下拉列表中选择"所有样式"选项；❷单击"确定"按钮。此时，所有样式即可显示在样式窗格中。

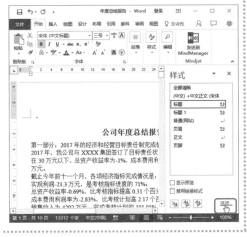 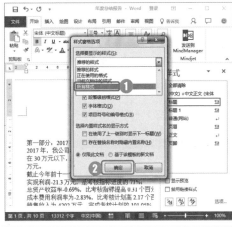

3．设置各级标题的样式

一篇正规的文档通常包含多级标题，使用"样式"窗格和格式刷可以快速设置各级标题的格式和大纲级别，具体操作如下。

第 1 步：设置一级标题样式

❶选择一级标题；❷在样式窗格中单击"标题1"样式。此时，即可应用"标题1"样式。

第 2 步：双击"格式刷"按钮

选中已经应用样式的一级标题。❶单击"开始"选项卡；❷双击"剪贴板"组中的"格式刷"按钮。此时，格式刷就会高亮显示。

第 3 步：使用格式刷拖选

将光标移动到文档中，此时光标变成刷子形状。拖动鼠标选择下一个一级标题。

第 4 步：查看刷新效果

释放光标，此时拖选的标题就会应用"标题1"样式。

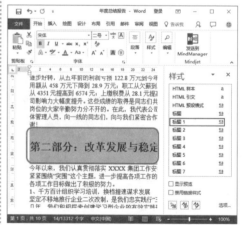

第 5 步：刷新其他一级标题

使用同样的方法，用格式刷刷新其他一级标题。刷新完毕，再次单击"格式刷"按钮即可。

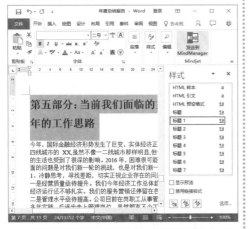

第 6 步：设置二级标题样式

❶选择二级标题；❷在样式窗格中单击"标题2"样式。此时，即可应用"标题2"样式。

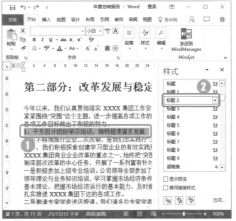

第 7 步：刷新其他二级标题

采用前面介绍的方法，使用格式刷刷新其他二级标题。

知识加油站

格式刷是 Word 2016 强大的功能之一。有了格式刷，我们的工作将变得更加简单、高效。单击"格式刷"按钮只能刷新 1 次，双击"格式刷"按钮可以刷新多次。刷新完毕，再次单击"格式刷"按钮即可。

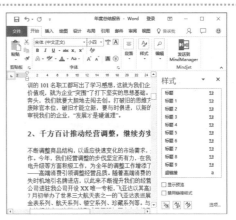

4. 新建样式

在 Word 2016 文档中，用户可以根据实际工作需要新建样式，如新的标题样式、新的表格样式、新的列表样式等。新建样式的具体操作如下。

第 1 步：单击"新建"按钮

❶选中文档标题；❷在"样式"窗格中单击"新建"按钮。

第2步：设置样式格式

此时将弹出"根据格式设置创建新样式"对话框。❶在"名称"文本框中自动显示名称"样式1"；❷将字体格式设置为"黑体"、"一号"；❸单击"确定"按钮。

第3步：查看设置效果

返回文档窗口，即可看到新的"样式1"的设置效果。

5. 修改样式

如果对 Word 2016 提供的样式不太满意，则可以直接在样式窗格中修改样式，具体操作如下。

第1步：执行修改命令

❶在样式窗格中选择"标题1"样式，单击鼠标右键；❷在弹出的下拉列表中选择"修改"选项。

第2步：修改"标题1"样式

❶在弹出的"修改样式"对话框中，将"字号"设置为"三号"；❷单击"确定"按钮。

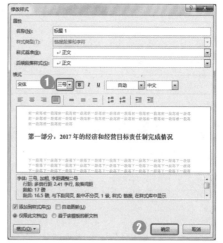

第 3 步：查看修改效果

此时，文档中所有一级标题的字号都变成了"三号"。

第 4 步：再次修改

❶在"样式"窗格中选择"正文"样式，单击鼠标右键；❷在弹出的下拉列表中选择"修改"选项。

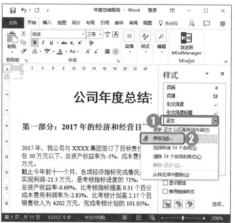

第 5 步：执行段落命令

❶单击"格式"按钮；❷在弹出的下拉列表中选择"段落"选项。

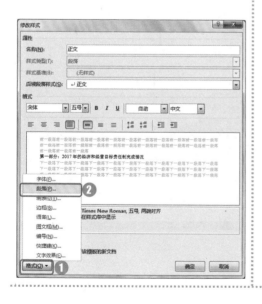

第 6 步：设置首行缩进

此时将弹出"段落"对话框。❶在"缩进"组中将"特殊格式"设置为"首行缩进"、"2 字符"；❷单击"确定"按钮。

第 7 步：查看首行缩进效果

返回文档窗口，所有基于正文的文本和段落样式都会应用首行缩进 2 字符的设置。设置完毕，单击样式窗格中的"关闭"按钮即可。

4.1.3 插入并编辑目录

文档创建完成后，为了便于阅读，可以为文档添加一个目录。使用目录可以使文档的结构更加清晰，便于阅读者对整个文档进行快速定位。

1. 查看导航窗格

Word 2016 提供了方便的导航功能，使用"导航"窗格可以快速显示 Word 2016 文档的标题大纲。

第 1 步：显示"导航"窗格	第 2 步：关闭"导航"窗格
❶单击"视图"选项卡；❷在"显示"组中选中"导航窗格"复选框。此时，即可在文档中显示导航窗格。	如果要关闭"导航"窗格，则直接单击导航窗格右上角的"关闭"按钮即可。

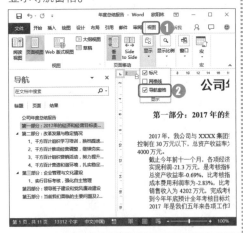
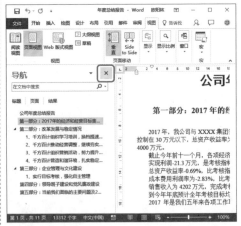

2. 插入自动目录

生成目录之前，要根据文本的标题样式设置大纲级别，大纲级别设置完毕即可在文档中插入自动目录。插入自动目录的具体操作如下。

第 1 步：执行插入目录命令

将光标定位在需要插入文档目录的位置。❶单击"引用"选项卡；❷在"目录"组中单击"目录"按钮；❸在弹出的下拉列表中选择"自动目录 1"选项。

第 2 步：查看自动目录

此时即可在之前的位置插入一个自动目录。

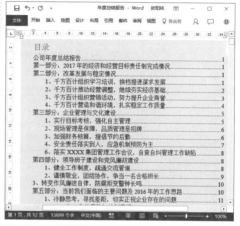

疑难解答

Q：在文档中插入的自动目录只有 3 级标题，如何生成 4 级标题？

A：在文档中插入的自动目录，默认情况下包含 3 级标题，如果只需要生成到 2 级及以上的标题，或者生成 4 级、5 级标题，可以单击"目录"按钮，在弹出的下拉列表中选择"自定义目录"选项，在弹出的"目录"对话框中修改目录的"显示级别"。例如，将"显示级别"设置为"4"，就可以生成 4 级目录。

3．更新目录

在编辑或修改文档的过程中，如果文档的内容或格式发生了变化，则需要更新目录。另外，根据目录插入位置的不同，目录本身也会占用一定的文档空间，因此需要更新目录。更新目录包括只更新页码和更新整个目录，具体操作如下。

第 1 步：执行更新目录命令

将光标定位在插入的自动目录中。❶单击"更新目录"按钮；❷在弹出的"更新目录"对话框中选中"只更新页码"单选按钮；❸单击"确定"按钮。

4.2 自定义报告文件模板

　模板是一类特殊的文档，它可以提供完成最终文档所需的基本工具。使用模板可以快速创建所需文档的主要框架。在 Word 2016 中，每一篇文档都是在模板的基础上建立的。Word 2016 默认使用的模板是 Normal.dot。

　　"报告文件模板"制作完成后的效果如下图所示。

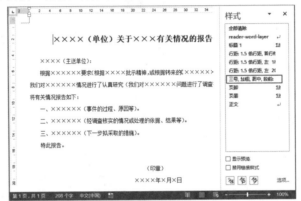

配套文件

原始文件：素材文件\第 4 章\报告文件模板.docx
结果文件：结果文件\第 4 章\报告文件模板.dotx
视频文件：教学文件\第 4 章\自定义报告文件模板.mp4

扫码看微课

4.2.1 创建模板文件

　　如果想让其他文档使用当前文档的样式，可以将当前活动文档保存为模板文件。创建模板文件的具体操作如下。

第 1 步：打开素材文件	第 2 步：执行另存为命令
打开"素材文件\第 4 章\报告文件模板.docx"文件。	❶单击"文件"→"另存为"选项；❷在弹出的文档列表界面中单击"浏览"按钮。

第 3 步：另存为模板

此时将弹出"另存为"对话框。❶在"文件类型"下拉列表中选择"Word 模板（*.dotx）"选项；❷设置保存路径；❸单击"保存"按钮。

第 4 步：查看保存的模板文件

此时，文档就被保存为模板文件。

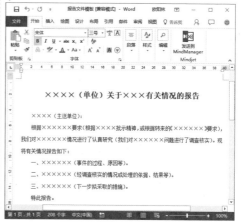

4.2.2 自定义模板样式

每次启动 Word 文档，运行的是 Normal.dot 模板文件。如果把这个模板文件进行适当的改动，再保存下来，那么再启动 Word 时就可以直接使用纸张大小、字号、字体、边距等符合自己需要的新文档了。自定义文档模板的具体操作如下。

第 1 步：单击"对话框启动器"按钮

❶单击"布局"选项卡；❷在"页面设置"组中单击"对话框启动器"按钮。

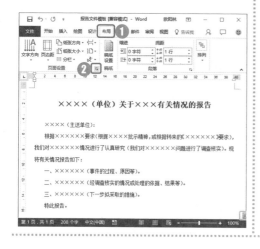

第 2 步：设置页边距

此时将弹出"页面设置"对话框。❶单击"页边距"选项卡；❷将上、下、左、右的页边距均设置为"2cm"；❸单击"确定"按钮。

第3步：查看页边距设置效果

设置完毕，上、下、左、右的页边距均变成了2cm。

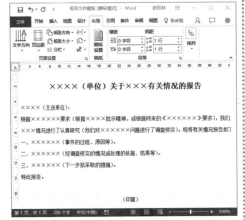

第4步：单击"对话框启动器"按钮

❶单击"开始"选项卡；❷在"样式"组中单击"对话框启动器"按钮。

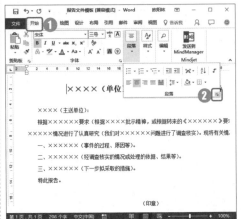

第5步：再次执行修改命令

在"样式"窗格中，在"正文"样式选项上单击鼠标右键，在弹出的下拉列表中选择"修改"选项。

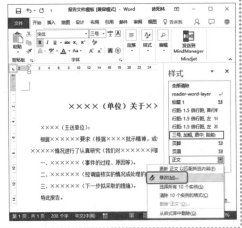

第6步：修改正文样式

此时将弹出"修改样式"对话框。❶在"字号"下拉列表中选择"四号"选项；❷单击"格式"下拉按钮；❸在弹出的下拉列表中选择"段落"选项。

第 7 步：设置段落格式

此时将弹出"段落"对话框。❶在"缩进"组中将"特殊格式"设置为"首行缩进"、"2字符"；❷在"行距"下拉列表中选择"1.5 倍"选项；❸单击"确定"按钮。

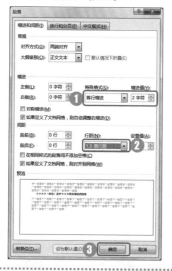

第 8 步：返回"修改样式"对话框

返回"修改样式"对话框，即可在中间的窗口浏览段落的设置效果，确认后单击"确定"按钮即可。

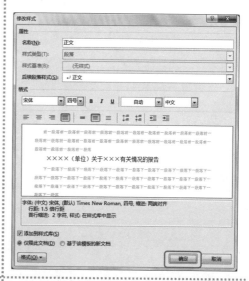

第 9 步：关闭"样式"窗格

段落格式设置完毕，单击"样式"窗格中的"关闭"按钮即可。

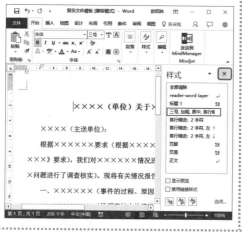

第 10 步：保存模板

页面和段落样式设置完毕，单击文档左上角的"保存"按钮保存模板。

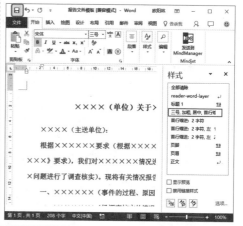

4.2.3　使用文档模板

　　使用文档模板的方法非常简单，只需双击打开之前创建的文档模板，即可使用该

模板中的样式创建新的 Word 文档。

第 1 步：双击模板文件	第 2 步：生成应用模板的文档
在模板的保存位置双击"报告文件模板.dotx"文件。	页面和段落样式设置完毕，单击文档左上角的"保存"按钮保存模板。

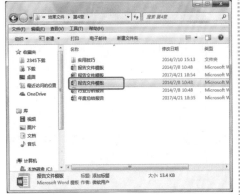 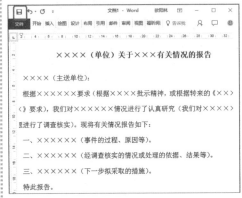

4.3 应用内置模板制作行业分析报告

Word 2016 提供了多种非常实用的文档模板，如信函、商务报告、简历、报表、课程提纲、传单等。通过使用这些内置模板，用户可以很方便地创建比较专业的办公文档。本节主要介绍如何应用内置模板制作行业分析报告。

"行业分析报告"制作完成后的效果如下图所示。

配套文件

原始文件：素材文件\第 4 章\行业分析报告内容.txt
结果文件：结果文件\第 4 章\行业分析报告.docx
视频文件：教学文件\第 4 章\应用内置模板制作行业分析报告.mp4

扫码看微课

4.3.1 下载模板

Word 2016 提供了多种内置模板，用户根据需要选择合适的模板下载即可。下载模板的具体操作如下。

第 1 步：启动 Word 2016

在桌面上双击"Word 2016"图标。

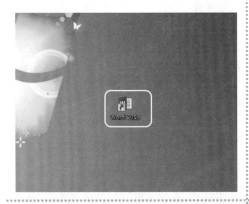

第 2 步：搜索关键词

进入欢迎界面，在"建议的搜索"文本框中输入"报告"按【Enter】键。

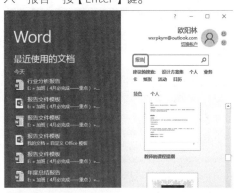

第 3 步：选择新建文档类型

进入"新建"文档界面，选择"报告（基本设计）"选项。

第 4 步：下载模板

在弹出的模板基本信息界面单击"创建"按钮。

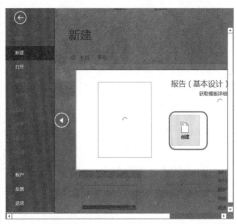

第 5 步：查看下载的模板

"报告（基本设计）"模板下载完成。

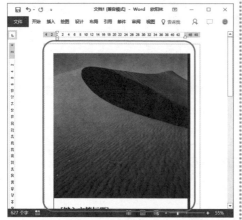

第 6 步：保存模板

按下"Ctrl+S"组合键，进入"另存为"界面，单击"浏览"按钮。

第 7 步：设置保存路径和文件名

此时将弹出"另存为"对话框。❶选择文件的保存路径；❷在"文件类型"下拉列表中选择"Word 文档（*.docx）"选项，在"文件名"文本框中输入"行业分析报告"；❸单击"保存"按钮。

第 8 步：升级文件格式

因为之前下载的模板是兼容模式的文档，所以，要想将其保存为最新版本，需要升级文件格式。在弹出的"Microsoft Word"对话框中，直接单击"确定"按钮即可。

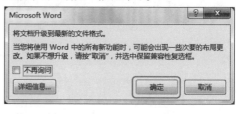

知识加油站

可以直接在已有文档中下载 Word 内置模板。执行"文件"→"新建"命令，进入"新建"文档界面，选择合适的内置模板下载即可。

4.3.2　编辑模板

内置模板下载完成后，就可以对模板进行编辑了，具体操作如下。

第 1 步：打开素材文件

打开"素材文件\第 4 章\行业分析报告内容.txt"文件。

第 2 步：定位光标

将光标定位在"标题"文本框上。此时就可以编辑文字了。

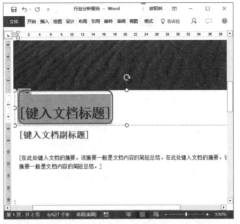

第 3 步：录入标题

录入标题"行业分析报告"。

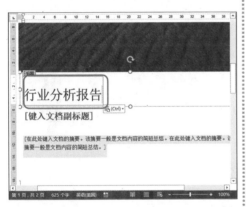

第 4 步：录入副标题

将光标定位在"副标题"文本框上，录入副标题"食品行业调研与分析"。

第 5 步：录入摘要

将光标定位在"摘要"文本框上，录入摘要内容。

第 6 步：查看正文中的标题和副标题

封面中的标题和副标题设置完成后，会自动显示在正文中。

第 7 步：录入提要栏标题

在"提要栏"文本框中录入文字"关键词"。

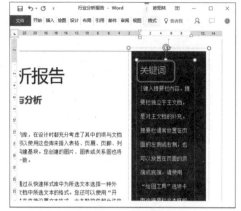

第 8 步：输入提示正文

在提示栏中输入提示正文内容。

第 9 步：录入正文内容

在"正文"文本框中录入正文内容。

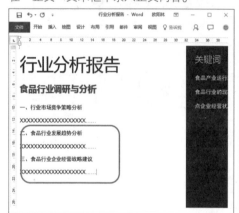

第 10 步：查看最终效果

行业分析报告编辑完成。

高手秘籍　实用操作技巧

　　通过前面的学习，相信读者朋友已经掌握了 Word 2016 的样式和内置模板的应用，以及自定义模板的相关基础知识。下面结合本章内容，介绍一些实用技巧。

配套文件

原始文件：素材文件\第 4 章\实用技巧\
结果文件：结果文件\第 4 章\实用技巧\
视频文件：教学文件\第 4 章\高手秘籍\

Skill 01　使用域插入文档页码

　　在文档的编排中，除了可以使用"页码"功能直接插入页码以外，还可以使用"域"功能快速插入页码，具体操作如下。

第 1 步：执行插入域命令

❶将光标定位在页脚位置，❷单击"插入"选项卡；"文本"组中的"文档部件"下拉按钮；❸在弹出的下拉列表中选择"域"选项。

第 2 步：设置域选项

此时将弹出"域"对话框。❶在"域名"列表框中选择"Page"选项；❷在"格式"列表框中选择"1，2，3，…"选项；❸单击"确定"按钮。

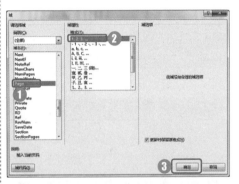

第 3 步：查看插入的页码

此时即可在页脚位置插入页码。

第 4 步：编辑页脚

在页码的左右两侧添加文字，将页码格式设置为"第1页 共页"。

第5步：设置域选项

将光标定位在文字"共"与"页"之间，再次执行插入域命令，将弹出"域"对话框。❶在"域名"列表框中选择"NumPages"选项；❷在"格式"列表框中选择"1，2，3，…"选项；❸单击"确定"按钮。

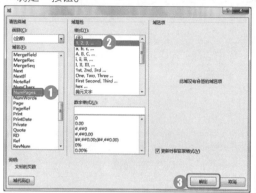

第6步：查看页码效果

此时，"第 X 页 共 X 页"形式的页码就设置完成了，让其水平居中对齐。

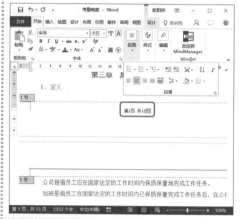

Skill 02　使用模板制作名片

　　Word 2016提供了多种办公模板，如名片、信函、简历、传单、日历等，用户可以根据需要下载合适的模板并进行编辑。

　　使用模板设置名片的具体操作方法如下。

第1步：搜索名片模板

进入"新建"文档界面。❶在"搜索"文本框中输入文字"名片"；❷单击文本框右侧的"开始搜索"按钮。

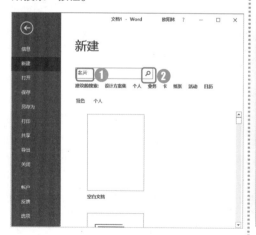

第2步：选择名片模板

搜索完毕，根据需要选择合适的模板即可。

第 3 步：下载模板

在弹出的模板下载界面单击"创建"按钮。

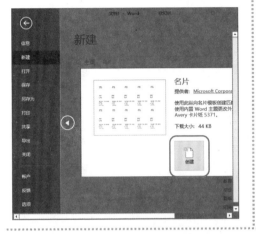

第 4 步：查看模板

模板下载完成，然后在对应文本框中输入相应的文本内容。

Skill 03　为样式设置快捷键

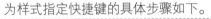

快速套用样式可以给 Word 中的样式指定快捷键，这样在编排文档时就可以使用符合自己习惯的快捷键进行操作，从而提高效率。

为样式指定快捷键的具体步骤如下。

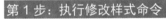

第 1 步：执行修改样式命令

将光标定位在要拆分的分界行的任意单元格中。❶在"样式"窗格中的"标题 1"样式上单击鼠标右键；❷在弹出的下拉列表中选择"修改"选项。

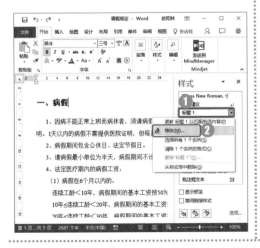

第 2 步：执行快捷键命令

此时将弹出"修改样式"对话框。❶单击"格式"按钮；❷在弹出的下拉列表中选择"快捷键"选项。

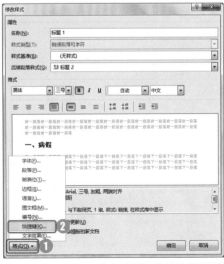

第 3 步：设置快捷键

此时将弹出"自定义键盘"对话框。❶将光标定位在"请按新快捷键"文本框中，按下"Ctrl+1"组合键,此时,文本框中将显示"Ctrl+ Num 1"；❷在"将更改保存在"下拉列表中选择"请假规定.docx"选项；❸单击"指定"按钮。

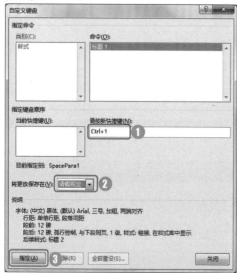

第 4 步：关闭自定义键盘对话框

此时，设置的快捷键"Ctrl+Num 1"就添加到"当前快捷键"列表中，单击"关闭"按钮即可。

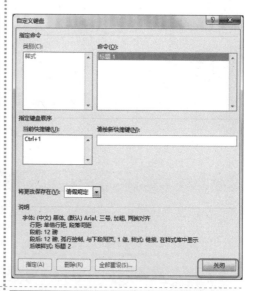

第 5 步：关闭修改样式对话框

返回"修改样式"对话框，直接单击"确定"按钮。

第 6 步：使用快捷键套用样式

选择要套用样式"标题 1"的文本,按"Ctrl+1"组合键,选中的文本就会应用"标题 1"样式。

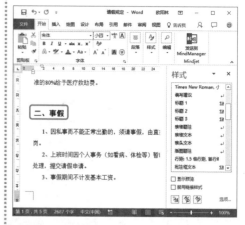

本章小结

本章结合实例讲述了 Word 2016 的样式和内置模板的应用。本章的重点是让读者掌握样式和内置模板在文档编排中的基本应用。通过本章的学习，读者可以熟练掌握 Word 2016 的样式和模板功能，快速编排办公文件，从而实现高效办公。

01
02
03
04
05
06
07
08
09
10
11
12

第 5 章

Word 文档处理的高级应用技巧

本章导读

　　Word 2016 除了基本的文档编辑功能，还提供了文档审核、邮件合并及控件工具等高级功能。本章以审阅员工绩效考核制度、批量设计邀请函和制作产品调查问卷为例，介绍 Word 文档处理的高级应用技巧。

知识要点

- ⊃ 批注的应用
- ⊃ 文档的校对
- ⊃ 文档的修订
- ⊃ 插入合并域的应用
- ⊃ "开发工具"选项卡的添加方法
- ⊃ 复选框的设计技巧

案例展示

01
02
03
04
05
06
07
08
09
10
11
12

实战应用 跟着案例学操作

5.1 审阅员工绩效考核制度

　　绩效考核是公司人力资源管理的一项重要制度。公司人力资源管理部门应不断对绩效考核制度进行修订和完善，并提交领导审核。本节主要介绍如何通过 Word 2016 的"审阅"功能对员工绩效考核制度的文档内容进行批注、修订和审核。

　　"员工绩效考核制度"审阅完成后的效果如下图所示。

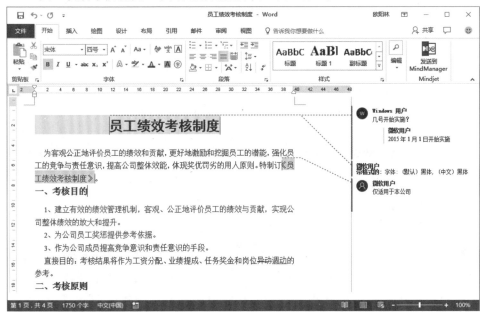

配套文件

原始文件：素材文件\第 5 章\员工绩效考核制度.docx
结果文件：结果文件\第 5 章\员工绩效考核制度.docx
视频文件：教学文件\第 5 章\审阅员工绩效考核制度.mp4

扫码看微课

5.1.1 批注员工绩效考核制度

　　批注可以帮助用户对文档中的重要部分和难以理解的内容进行注释。Word 2016 不仅提供了直接添加批注的功能，还可以对其他用户的批注进行答复。

1．添加批注

添加批注的具体操作如下。

第1步：单击"新建批注"按钮

打开"素材文件\第 5 章\员工绩效考核制度.docx"文件，选择要添加批注的文本或段落。❶单击"审阅"选项卡；❷在"批注"组中单击"新建批注"按钮。

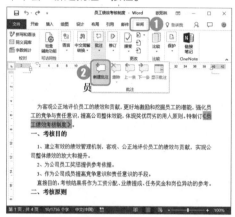

第2步：添加批注

此时，在文档的右侧会出现一个批注框，在批注框中可以直接输入文字。

2．答复批注

Word 2016 提供了全新的批注互动功能，用户可以通过此功能进行互动交流。答复批注的具体操作如下。

第1步：执行答复批注命令

❶选择要答复的批注；❷单击其右侧的"答复"按钮。

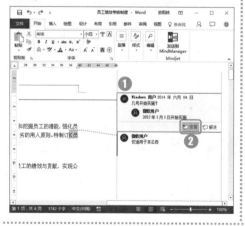

第2步：答复批注

在该批注的下方将弹出一个新的批注框。在该批注框中直接输入答复的内容即可。

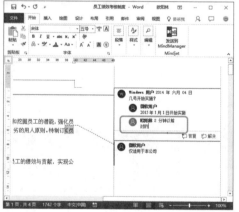

---

3. 删除批注

为了打印文档，可以对批注进行删除，具体操作如下。

删除批注

选择要删除的批注。❶单击"审阅"选项卡；❷单击"批注"组中的"删除"按钮；❸在弹出的下拉列表中选择"删除"选项。

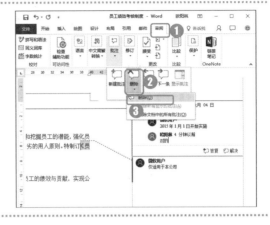

4. 更改批注显示方式

Word 2016 提供了 3 种批注显示方式，分别是在批注框中显示批注、以嵌入式方式显示批注和在"审阅"窗格中显示批注，用户可以根据需要进行选择。

（1）在批注框中显示批注：批注会显示在文档右侧页边区域，并用一条虚线连接到原始文字的位置。

（2）以嵌入式方式显示批注：此方式就是屏幕提示的效果，当把鼠标悬停在增加批注的原始文字的括号上方时，屏幕上会显示批注的详细信息。

（3）在"审阅"窗格中显示批注：要想使用此方式，需要在"审阅"功能区"修订"组的"审阅窗格"下拉列表中选择"垂直审阅窗格"或"水平审阅窗格"选项。

默认情况下，批注是在批注框中显示的。将批注显示方式更改为"以嵌入方式显示所有批注"，具体操作如下。

第 1 步：更改批注显示方式

选择任意一个批注。❶单击"审阅"选项卡；❷单击"修订"组中的"显示标记"按钮；❸在弹出的下拉列表中选择"批注框"→"以嵌入方式显示所有修订"选项。

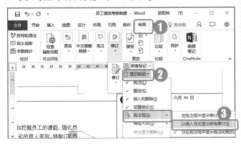

第 2 步：查看更改效果

此时，所有的批注都以嵌入的方式显示在文档中。

疑难解答

Q：如何一次性删除文档中的所有修订？

A：选择任意一个批注，单击"审阅"选项卡，单击"批注"组中的"删除"按钮，在弹出的下拉列表中选择"删除文档中的所有批注"选项即可。

5.1.2 修订员工绩效考核制度

修订功能是指将修改过的地方标注起来，以便用户下次打开时告知哪里进行过修改。接下来，我们对员工绩效考核制度进行审阅，主要包括校对拼写和语法、修订文档内容、接受或拒绝修订等。

1. 校对拼写和语法

文档编辑完成后，可以对文档的拼写和语法进行检查和校对。校对拼写和语法的具体操作如下。

第1步：执行拼写和语法命令	第2步：忽略语法规则
❶单击"审阅"选项卡；❷在"修订"组中单击"拼写和语法"按钮。	此时在文档的右侧将弹出"语法"窗格，并自动定位到文档中第一个有语法问题的位置。如果有错误，可直接进行更正；如果没有错误，单击"忽略规则"按钮。

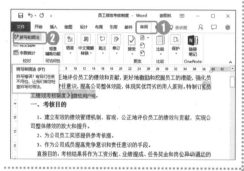

第3步：更改其他语法问题	第4步：完成拼写和语法检查
自动定位到文档中下一个有语法问题的位置，依次进行更正即可。	语法问题更正完毕，将弹出"Microsoft Word"对话框，提示用户"拼写和语法检查完成"，单击"确定"按钮即可。

2．统计文档字数

利用 Word 2016 的字数统计功能可以查询并统计文档的详细信息，具体操作如下。

❶单击"审阅"选项卡；❷在"校对"组中单击"字数统计"按钮。

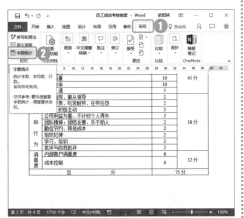

在弹出的"字数统计"对话框中显示了文档字数、行数、页数等详细信息，确认后单击"关闭"按钮。

3．修订文档内容

使用 Word 2016 的修订功能，可以将修改的地方标注出来。修订文档的具体操作如下。

❶单击"审阅"选项卡；❷在"修订"组中单击"修订"按钮，随即"修订"按钮呈高亮显示，表示进入修订状态。

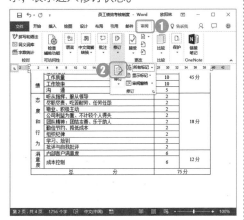

❶选择文档标题，❷单击"开始"选项卡；❸在"字体"组中将"字体"设置为"黑体"。此时，在题目的右侧会出现一条修订线，即修订标记。

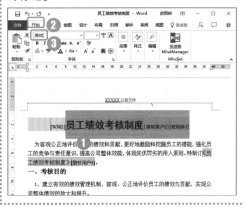

第 3 步：更改修订的显示方式

❶单击"审阅"选项卡；❷单击"修订"组中的"显示标记"按钮；❸在弹出的下拉列表中选择"批注框"→"在批注框中显示修订"选项。

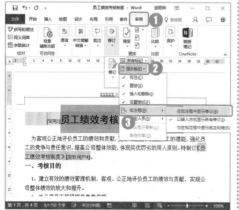

第 4 步：查看修订的显示效果

此时，修订的具体内容就显示在文档右侧了。

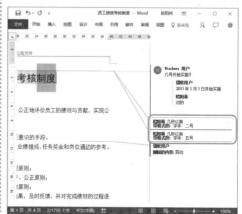

第 5 步：修改文档内容

修改文档内容。修改后的内容呈红色显示，并在文档右侧的修订框中显示修改的详细内容。

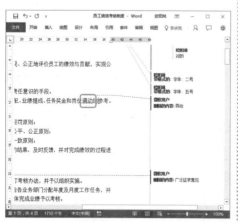

第 6 步：删除文档内容

直接在文档中删除多余的内容时，在文档右侧会出现一个修订框，并显示删除的内容。

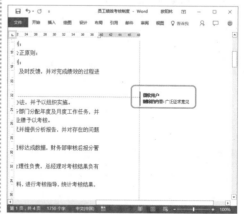

第 7 步：执行审阅窗格命令

❶单击"审阅"选项卡；❷单击"修订"组中的"审阅窗格"按钮；❸在弹出的下拉列表中选择"垂直审阅窗格"选项。

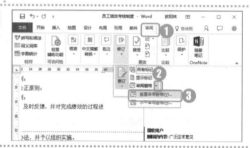

第 8 步：查看审阅窗格

此时将弹出一个垂直审阅窗格，在其中可以查看文档中的所有修订。查看完毕，单击"关闭"按钮即可。

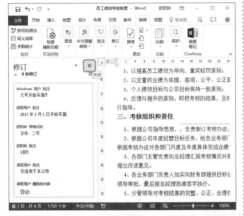

第 9 步：再次更改修订的显示方式

❶单击"审阅"选项卡；❷单击"修订"组中的"显示标记"按钮；❸在弹出的下拉列表中选择"批注框"→"仅在批注框中显示批注和格式"选项。

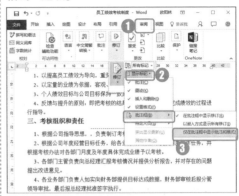

第 10 步：查看更改效果

此时，所有修改的内容和删除的内容都会以红色文字显示在文档中，删除的内容会带有删除线。

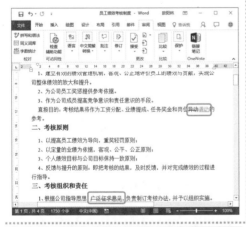

第 11 步：浏览修订

❶单击"审阅"选项卡；❷单击"更改"组中的"上一条修订"和"下一条修订"按钮，即可浏览上一条和下一条修订。

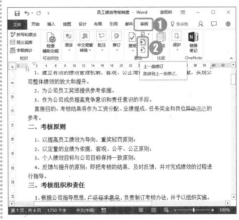

第 12 步：接受修订

❶单击"审阅"选项卡；❷单击"更改"组中的"接受"按钮；❸在弹出的下拉列表中选择"接受所有修订"选项。此时，即可接受文档中的所有修订，并自动删除修订框。

第 13 步：拒绝修订

❶如果要拒绝修订，可单击"审阅"选项卡；❷单击"更改"组中的"拒绝"按钮；❸在弹出的下拉列表中选择"拒绝所有修订"选项。

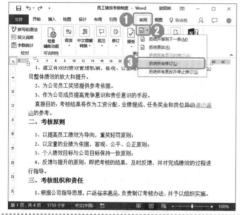

第 14 步：退出修订状态

❶单击"审阅"选项卡；❷在"校对"组中单击"修订"按钮，即可退出修订状态。

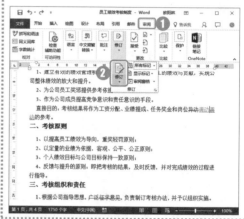

5.2 批量设计邀请函

　　邮件合并就是把一系列的信息与一个标准文档合并，从而生成多个文档。例如，当公司要邀请客户参加展览、招标或会议等活动时通常需要发送信函，信函的内容一样，只是客户姓名、地址不一样，使用邮件合并功能，便可快速制作多份邀请函。

　　"邀请函"制作完成后的效果如下图所示。

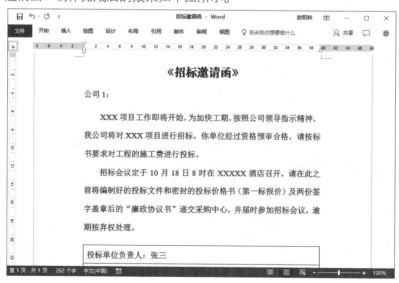

配套文件

原始文件：素材文件\第 5 章\邀请函.docx
素材文件\第 5 章\客户信息表.xlsx
结果文件：结果文件\第 5 章\邀请函.docx
视频文件：教学文件\第 5 章\批量设计邀请函.mp4

扫码看微课

5.2.1 设计制作邀请函模板

邀请函是一种重要的请约性书信。邀请函一般由标题、称谓、正文、落款组成。使用 Word 2016 制作邀请函模板并根据邀请的客户信息制作客户信息表的步骤如下。

第 1 步：制作邀请函模板

根据需要在 Word 中制作邀请函文档，完成效果可参考"素材文件\第 5 章\招标邀请函.docx"文件。

第 2 步：制作客户信息表

制作客户信息表，将客户的联系人和地址等信息填入表格，效果可参考"素材文件\第 5 章\客户信息表.xlsx"文件。

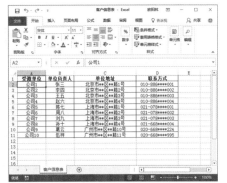

5.2.2 导入数据表

客户信息表制作完成后，就可以把数据信息导入 Word 文档了，具体操作如下。

第 1 步：执行选择收件人命令

❶单击"邮件"选项卡；❷在"开始邮件合并"组中单击"选择收件人"按钮；❸在弹出的下拉列表中选择"使用现有列表"选项。

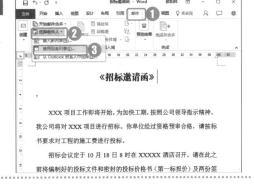

第2步：选取数据源

此时将弹出"选取数据源"对话框。❶选择素材文件"客户信息表.xlsx"；❷单击"打开"按钮。

第3步：选择表格

此时将弹出"选择表格"对话框。❶选择"客户信息表"；❷单击"确定"按钮。

5.2.3 插入合并域并批量生成邀请函

导入数据表后，就可以执行"插入合并域"命令并批量生成邀请函了，具体操作如下。

第1步：插入受邀单位

❶将光标定位在希望插入"受邀单位"的位置。❷在"编写和插入域"组中单击"插入合并域"按钮；❸在弹出的下拉列表中选择"受邀单位"选项。

第2步：查看插入效果

此时即可在"受邀单位"位置插入公司名称。

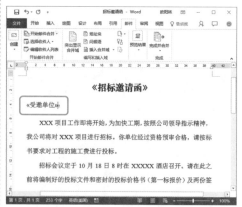

第 3 步：插入单位负责人

将光标定位在希望插入"单位负责人"的位置。❶在"编写和插入域"组中单击"插入合并域"按钮；❷在弹出的下拉列表中选择"单位负责人"选项。

第 4 步：插入单位地址

将光标定位在希望插入"单位地址"的位置。❶在"编写和插入域"组中单击"插入合并域"按钮；❷在弹出的下拉列表中选择"单位地址"选项。

第 5 步：插入联系方式

将光标定位在希望插入"联系方式"的位置。❶在"编写和插入域"组中单击"插入合并域"按钮；❷在弹出的下拉列表中选择"联系方式"选项。

第 6 步：查看插入效果

受邀单位负责人、地址和联系方式插入完成。

第 7 步：单击"预览结果"按钮

在"预览结果"组中单击"预览结果"按钮。

第 8 步：查看插入结果

此时即可看到由第一条客户信息生成的第一张邀请函。

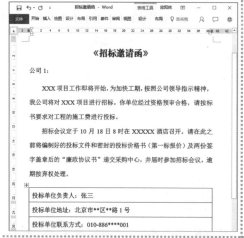

第 9 步：预览其他邀请函

在"预览结果"组中单击"上一条记录"或"下一条记录"按钮，浏览上一张和下一张邀请函。

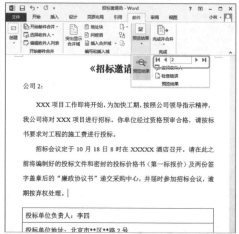

第 10 步：执行打印文档命令

❶在"完成"组中单击"完成并合并"按钮；❷在弹出的下拉列表中选择"打印文档"选项。

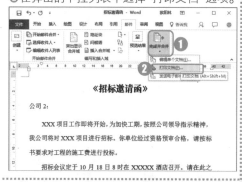

第 11 步：合并到打印机

此时将弹出"合并到打印机"对话框。❶选中"全部"单选按钮；❷单击"确定"按钮。

第 12 步：打印邀请函

此时将弹出"打印"对话框。❶选中"全部"单选按钮；❷单击"确定"按钮，即可批量打印邀请函。

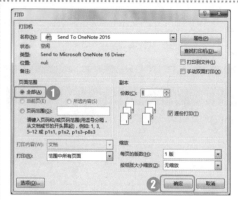

5.3 制作产品调查问卷

调查问卷是以问题的形式系统地记载调查内容的一种文件。制作调查问卷时，使用 Word 2016 的控件功能可以帮助用户快速制作各种选项，如复选框、单选按钮等。本节主要讲述如何使用控件制作产品调查问卷。

"产品调查问卷"制作完成后的效果如下图所示。

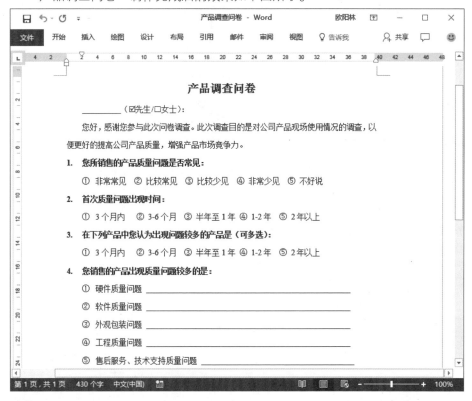

配套文件

原始文件：素材文件\第 5 章\产品调查问卷.docx
结果文件：结果文件\第 5 章\产品调查问卷.docx
视频文件：教学文件\第 5 章\制作产品调查问卷.mp4

扫码看微课

5.3.1 添加"开发工具"选项卡

默认情况下，系统不显示"开发工具"选项卡。如果要执行宏操作和插入控件，则可以将该选项卡添加到功能区中。

添加开发工具选项卡的具体操作如下。

第1步：单击"文件"选项卡

打开"素材文件\第5章\产品调查问卷.docx"文件，在 Word 功能区单击"文件"选项卡。

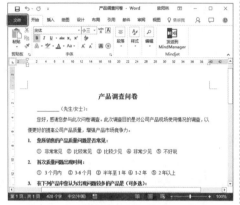

第2步：单击"选项"命令

在弹出的"信息"面板中单击"选项"命令。

第3步：自定义功能区

此时将弹出"Word 选项"对话框。❶单击"自定义功能区"命令；❷在右侧的"主选项卡"列表中选中"开发工具"复选框；❸单击"确定"按钮。

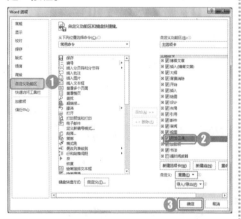

第4步：查看开发工具选项卡

此时，"开发工具"选项卡就被添加到功能区中了。

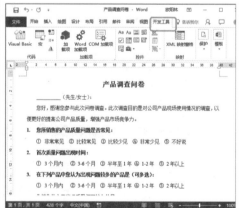

5.3.2 设计复选框

复选框是重要的控件工具箱之一。在 Word 2016 文档中插入复选框，设置控件属性，即可设计复选框的选中标记和未选中标记，具体操作如下。

第 1 步：插入复选框

将光标定位在要插入复选框的位置。❶单击"开发工具"选项卡；❷在"控件"组中单击"复选框内容控件"按钮。

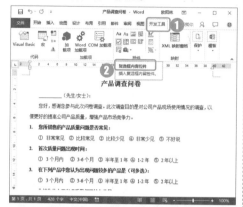

第 2 步：查看复选框

此时即可在插入点位置插入一个复选框内容控件。

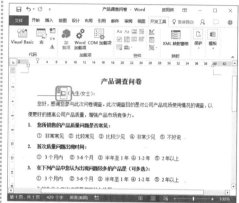

第 3 步：执行控件属性命令

选择插入的复选框。❶单击"开发工具"选项卡；❷在"控件"组中单击"属性"按钮。

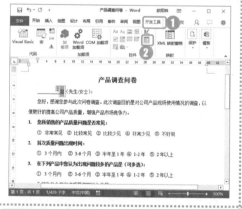

第 4 步：更改选中标记

在弹出的"内容控件属性"对话框中单击"更改"按钮。

第 5 步：选择符号

此时将弹出"符号"对话框。❶在"字体"下拉列表中选择"Wingdings 2"选项；❷在"符号"列表中选择"带对勾的复选框"选项；❸单击"确定"按钮。

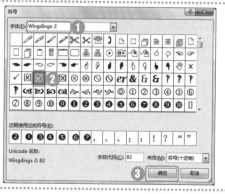

第 6 步：返回"内容控件"对话框

返回"内容控件属性"对话框，单击"确定"按钮。

第 7 步：执行预览结果命令

此时即可将复选框标记为带对勾的复选框，单击复选框即可将其选中。

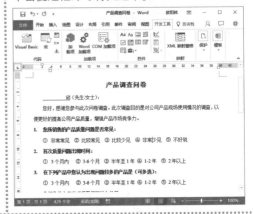

第 8 步：复制复选框

选择复选框，单击鼠标右键，在弹出的快捷菜单中选择"剪切"选项。

第 9 步：粘贴复选框

将光标定位在需要粘贴复选框的位置，按"Ctrl+V"组合键，即可将复选框粘贴到该位置。

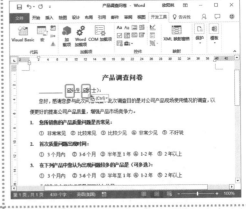

第 10 步：查看插入效果

如果要取消选中复选框，只要再次单击复选框即可。

高手秘籍 实用操作技巧

通过前面的学习，相信读者朋友已经掌握了文档审核、邮件合并及控件工具等高级功能的基本应用。下面结合本章内容，介绍一些实用技巧。

配套文件

原始文件：素材文件\第 5 章\实用技巧\
结果文件：结果文件\第 5 章\实用技巧\
视频文件：教学文件\第 5 章\高手秘籍\

Skill 01 锁定文档的修订

为了保护修订的内容，避免他人删除修订，可以使用密码锁定文档的修订，具体操作如下。

第 1 步：执行锁定修订命令

❶单击"审阅"选项卡；❷在"修订"组中单击"修订"按钮；❸在弹出的下拉列表中选择"锁定修订"选项。

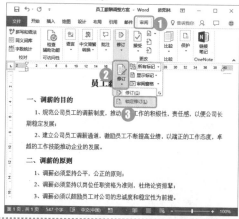

第 2 步：设置密码

此时将弹出"锁定修订"对话框。❶在"输入密码"文本框中输入"123"；❷在"重新输入以确认"文本框中输入"123"；❸单击"确定"按钮。

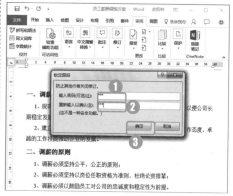

第 3 步：解除锁定跟踪

再次执行"锁定修订"命令，将弹出"解除锁定跟踪"对话框。❶在"密码"文本框中输入"123"；❷单击"确定"按钮，即可解除锁定跟踪。

Skill 02 快速制作中文信封

Word 2016 提供了制作中文信封的功能，用户可以使用该功能制作符合国家标准且含有邮政编码、地址和收信人的信封。制作中文信封的具体操作方法如下。

第 1 步：执行中文信封命令

❶单击"邮件"选项卡；❷在"创建"组中单击"中文信封"按钮。

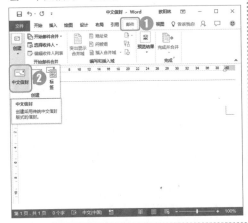

第 2 步：进入信封制作向导界面

进入"信封制作向导"界面，单击"下一步"按钮。

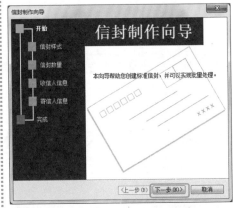

第 3 步：选择信封样式

进入"选择信封样式"界面。❶在"信封样式"下拉列表中选择"国内信封-B6（176×125）"选项；❷单击"下一步"按钮。

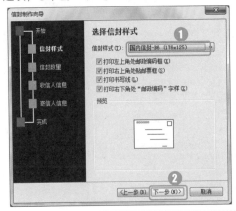

第 4 步：选择生成的方式和数量

进入"选择生成信封的方式和数量"界面。❶选中"键入收件人信息，生成单个信封"单选钮；❷单击"下一步"按钮。

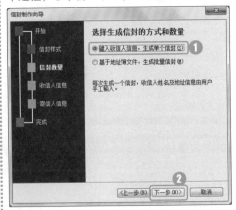

第 5 步：输入收件人信息

进入"输入收件人信息"界面。❶输入收件人的全部信息；❷单击"下一步"按钮。

第 6 步：输入寄件人信息

进入"输入寄件人信息"界面。❶输入寄件人的全部信息；❷单击"下一步"按钮。

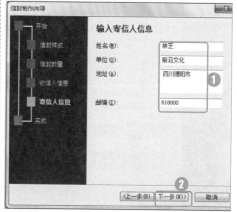

第 7 步：完成信封制作

再次进入"信封制作向导"界面，单击"完成"按钮，完成信封的制作。

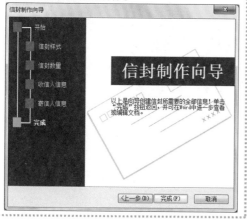

第 8 步：查看中文信封

此时即可生成一个新的文档，单个中文信封就制作完成了。

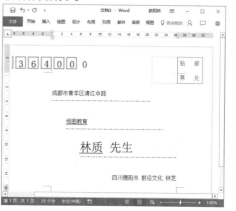

Skill 03　怎样在不删除批注的情况下不打印批注

在打印文档时，如果其中包含批注和修订，可以通过取消打印标记的方式不将其打印出来。取消打印标记的具体步骤如下。

第1步：取消打印标记	第2步：执行快捷键命令
进入"文件"界面。❶单击"打印"选项；❷在"设置"下拉列表中取消选中 "打印标记"选项。	此时，打印预览中的批注就被隐藏了。

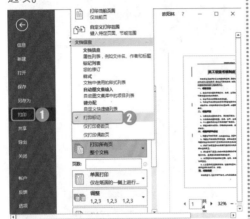

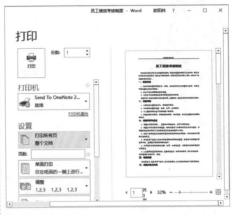

本章小结

　　本章结合实例主要讲述了 Word 2016 的文档审核、邮件合并及控件工具等高级功能。本章的重点是让读者掌握批注和修订文档的方法。通过对本章的学习，读者可以熟练掌握 Word 2016 的批注、修订、邮件合并及控件的使用等高级应用技巧。

第 6 章

Excel 表格的编辑与数据计算

本章导读

　　Excel 2016 是一款功能强大的电子表格软件，不仅具有表格编辑功能，还可以在表格中进行公式计算。本章以创建员工信息表、制作费用报销明细和制作并打印员工工资数据为例，介绍 Excel 表格编辑与公式计算的操作技巧。

知识要点

- ⊃ 工作簿和工作表的创建方法
- ⊃ 数据的录入方法
- ⊃ 公式在数据计算中的应用

- ⊃ 表格的美化技巧
- ⊃ 数据列表的设置方法
- ⊃ 工资条的制作方法

案例展示

实战应用 跟着案例学操作

6.1 创建员工信息表

　　员工信息表是记录员工基本信息的表格。本节以创建员工信息表为例，讲解工作簿和工作表的创建方法、表格数据的编辑技能及单元格的格式设置等内容。

　　"员工信息表"制作完成后的效果如下图所示。

配套文件

原始文件：素材文件\第 6 章\员工信息表.xlsx
结果文件：结果文件\第 6 章\员工信息表.xlsx
视频文件：教学文件\第 6 章\创建员工信息表.mp4

扫码看微课

6.1.1 创建员工信息工作簿

　　在 Excel 中，用于保存数据信息的文件称为工作簿。使用 Excel 2016 创建员工信息工作簿的具体操作如下。

第 1 步：双击 Excel 图标

在桌面上双击"Excel 2016"图标。

第 2 步：生成工作簿

此时即可启动 Excel 2016，并生成一个名为"工作簿 1"的工作簿。

第 3 步：保存工作簿

在快速访问工具栏中单击"保存"按钮。

第 4 步：进入保存界面

进入"另存为"界面，双击"这台电脑"按钮。

第 5 步：设置保存选项

此时将弹出"另存为"对话框。❶选择合适的保存路径；❷在"文件名"文本框中将文件名更改为"员工信息表.xlsx"；❸单击"保存"按钮。

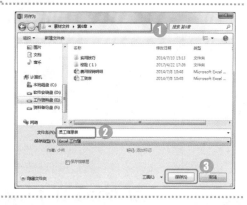

125

第6步：查看工作簿

此时工作簿就保存在指定位置，工作簿名称变成了"员工信息表.xlsx"。

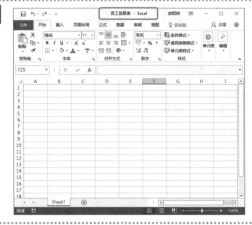

疑难解答

Q：除启动 Excel 程序创建工作簿以外，还有其他创建方法吗？

A：还可以在已有的工作簿中创建新的工作簿。单击"文件"按钮，选择"新建"命令，即可在"新建"界面中新建空白工作簿，以及各种基于模板的工作簿。

6.1.2 录入员工基本信息

在电子表格中录入数据的操作比较简单。常见的员工数据包括文本、员工编号、身份证号码、出生日期、年龄等，具体操作如下。

1．录入中文文本

录入中文文本的方法非常简单：选择合适的输入法，在单元格中直接输入中文即可。录入完毕的结果如下图所示。

2. 录入数字编号

通常情况下，员工编号是由连续的数字编号组成的，如 001、002、003 等。录入数字编号的具体操作如下。

第 1 步：输入数字	第 2 步：查看输入效果
在单元格 A3 中输入 "001"。	按 "Enter" 键，默认显示为 "1"。

第 3 步：执行对话框启动器按钮	第 4 步：自定义数据类型
保持单元格 A3 处于选择状态。❶单击 "开始" 选项卡；❷在 "数字" 组中单击 "对话框启动器" 按钮。	此时将弹出 "设置单元格格式" 对话框。❶在 "分类" 列表框中选择 "自定义" 选项；❷在 "类型" 文本框中输入 "000"；❸单击 "确定" 按钮。

第5步：查看设置效果

返回工作簿，此时单元格A3中的数字就变成了"001"。

第6步：设置其他数字格式

使用同样的方法，在单元格A4中输入"002"，并为其设置同样的数字格式。

第7步：选择连续编号

选择单元格区域A3:A4，将鼠标指针移动到单元格A4的右下角，此时鼠标指针变成十字形状。

第8步：填充编号

按住鼠标左键不放，向下拖动到单元格A12，释放鼠标，即可完成数字编号的填充。

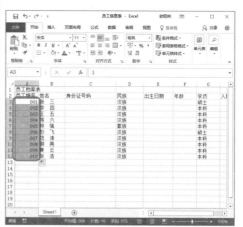

3. 录入身份证号码

在Excel中输入身份证号码时，由于数位较多，经常会出现科学计数形式的数字。要想显示完整的身份证号码，可以先输入英文状态下的单引号"'"，再输入身份证号码，具体操作如下。

第1步：输入单引号

在输入身份证号码之前，先将输入法切换到英文状态，然后在单元格 C3 中输入一个单引号"'"。

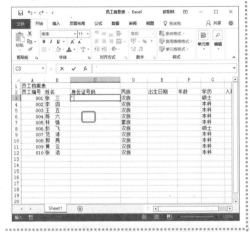

第2步：输入身份证号

在单引号后输入身份证号码。

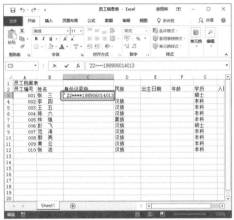

第3步：查看输入效果

按"Enter"键，此时身份证号码就完整地显示出来了。

第4步：录入其他员工的身份证号码

使用同样的方法录入其他员工的身份证号码。

4. 使用公式和函数录入数据

在 Excel 中录入数据时，有些数据可以直接根据其他数据计算得到，此时即可使用公式和函数录入数据，具体操作如下。

第1步：计算出生日期

在单元格 E3 中输入公式 "=IF(C3<>"",
TEXT((LEN(C3)=15)*19&MID(C3,7,6+(LEN(C3)=1
8)*2),"#-00-00")+0,)"，按 "Enter" 键。

第2步：填充公式

将鼠标指针移动到单元格 E3 的右下角，此时
鼠标指针变成十字形状，双击鼠标左键，即可
将公式填充到本列的其他单元格中。

第3步：计算年龄

在单元格 E3 中输入公式 "=YEAR (NOW())-
MID(C3,7,4)"，按 "Enter" 键。

第4步：填充公式

将鼠标指针移动到单元格 F3 的右下角，此时
鼠标指针变成十字形状，双击鼠标左键，即可
将公式填充到本列的其他单元格中。

6.1.3　美化表格

表格数据录入完成后，可以对表格进行美化，主要包括合并单元格、设置文字格
式、调整行高和列宽、添加边框等。

1. 合并单元格

通常情况下，用于打印的表格文件都有表格标题，可以使用合并单元格功能将标

题行的单元格进行合并，具体操作如下。

第 1 步：执行合并后居中命令

❶选择单元格区域 A1:H1。❷单击"开始"选项卡；❸在"对齐方式"组中单击"合并后居中"按钮。

第 2 步：查看合并效果

此时，选中的单元格区域就合并成了一个单元格，单元格中的数据居中显示。

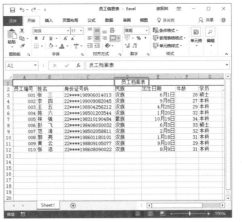

知识加油站

　　Excel 中的电子表格与 Word 中的表格不同：Word 中的单元格既可以进行合并，也可以进行拆分；Excel 中的单元格是工作表中的最小单位，不可以进行拆分，合并后的单元格可以取消合并（再次执行"合并后居中"命令即可）。

2. 设置文字格式

　　美化表格时，可以采用增大字号、加粗、设置对齐方式等方法突出显示标题和字段名称，具体操作如下。

第 1 步：设置标题格式

选择单元格 A1。❶在"字体"下拉列表中选择"华文中宋"，在"字号"下拉列表中选择"16"；❷单击"加粗"选项。

第 2 步：设置字段名称格式

选择单元格区域 A2:H2。❶在"字体"组中单击"加粗"按钮；❷在"对齐方式"组中单击"居中"按钮。

3．调整行高和列宽

用户可以根据需要调整行高和列宽，具体操作如下。

第 1 步：调整行高

将鼠标光标移动到行标的上边线或下边线位置，按住鼠标左键上下拖动以调整行高。

第 2 步：查看行高调整效果

调整完毕，即可看到行高的变化。

第 3 步：调整列宽

将鼠标光标移动到列标的左边线或右边线位置，按住鼠标左键左右拖动以调整列宽。

第 4 步：查看列宽调整效果

调整完毕，即可看到列宽的变化。

4．添加边框

为工作表中的数据区域添加边框，可以使表格内容更加清晰明了，具体操作如下。

第 1 步：执行所有框线命令

选择单元格区域 A2:H12。❶ 在"字体"组中单击"边框"按钮；❷ 在弹出的下拉列表中选择"所有框线"选项。

第 2 步：查看框线效果

此时，选择的单元格区域就添加了框线。

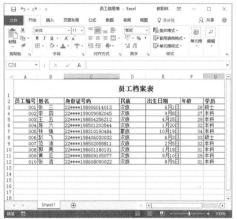

6.2 制作费用报销明细

除了直接在电子表格中录入各种数据外，还可以使用 Excel 2016 的数据验证功能快速、准确地录入数据，并验证数据的有效性。本节主要介绍如何使用数据验证功能制作费用报销明细表。

"费用报销明细"制作完成后的效果如下图所示。

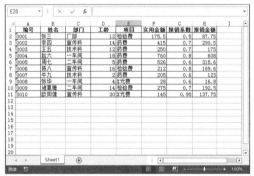

配套文件

原始文件：素材文件\第 6 章\费用报销明细.xlsx

结果文件：结果文件\第 6 章\费用报销明细.xlsx

视频文件：教学文件\第 6 章\制作费用报销明细.mp4

扫码看微课

6.2.1 设置数据列表

使用 Excel 2016 的数据验证功能，可以将一些经常使用的数据项目设置成数据列表，从而实现数据的快速录入。将"部门"设置成数据列表，具体操作如下。

第 1 步：执行数据验证命令

打开"素材文件\第 6 章\费用报销明细.xlsx"文件，选择单元格区域 C2:C11。❶单击"数据"选项卡；❷在"数据工具"组中单击"数据验证"按钮；❸在弹出的下拉列表中选择"数据验证"选项。

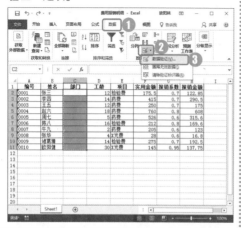

第 2 步：设置验证条件

此时将弹出"数据验证"对话框。❶在"允许"下拉列表中选择"序列"选项；❷在"来源"文本框中输入"厂部,宣传科,技术科,一车间,二车间"，中间用英文半角状态的逗号隔开；❸单击"确定"按钮。

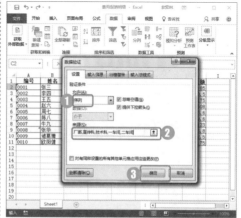

第 3 步：查看设置效果

此时，选中的每个单元格的右侧都会出现一个下拉按钮。单击该按钮，在弹出的下拉列表中选择要输入的数据即可。

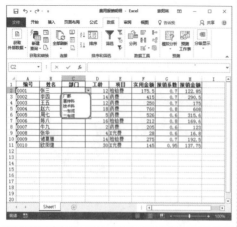

第 4 步：测试序列验证条件

在单元格 C3 中输入"办公室"，将弹出"Microsoft Excel"对话框，提示用户输入了非法值，单击"重试"按钮即可重新输入。

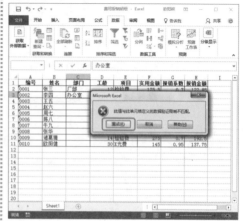

第 5 步：录入数据

使用同样的方法录入"部门"字段中的数据。

6.2.2 设置数值验证规则

在编辑电子表格时，经常会遇到一些特殊的数值，如比例、分数等，此时可以为单元格设置数值验证规则来检验数值的有效性。如要将"报销系数"列的数据限制在 0~1 之间，具体操作如下。

第 1 步：再次执行数据验证命令

选择单元格区域 G2:G11。❶单击"数据"选项卡；❷在"数据工具"组中单击"数据验证"按钮；❸在弹出的下拉列表中选择"数据验证"选项。

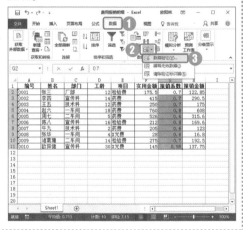

第 2 步：设置数值验证条件

此时将弹出"数据验证"对话框。❶在"允许"下拉列表中选择"小数"选项；❷将验证条件设置为"介于 0 和 1 之间"。

第 3 步：设置出错警告

❶单击"出错警告"选项卡；❷在"样式"下拉列表中选择"警告"选项；❸在"标题"文本框中输入文本"输入错误"，在"错误信息"文本框中输入文本"报销系数应为 0~1 之间的小数"；❹单击"确定"按钮。

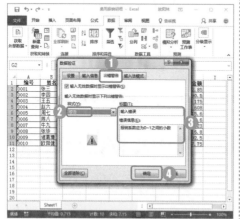

第 4 步：录入错误数据

在单元格 G2 中输入"2"。

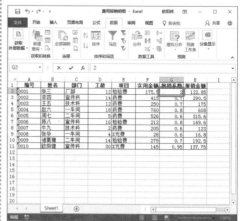

第 5 步：验证录入规则

按"Enter"键，将弹出"输入错误"对话框，提示用户输入错误。此处暂不修改，直接单击"是"按钮。

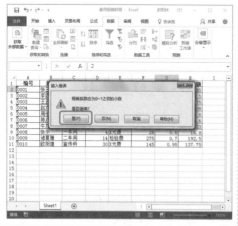

第 6 步：查看录入的数据

此时，录入的错误数据就显示在单元格 G2 中了。

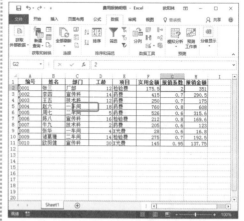

6.2.3 圈释无效数据

输入数据后，为了保证数据的准确性、快速找到表格中的无效数据，可以通过 Excel 中的圈释无效数据功能实现数据的快速检查和修改。

圈释无效数据的具体操作如下。

第 1 步：执行圈释无效数据命令

❶单击"数据"选项卡；❷在"数据工具"组中单击"数据验证"按钮；❸在弹出的下拉列表中选择"圈释无效数据"选项。

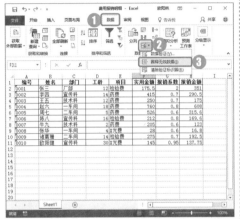

第 2 步：查看圈释效果

此时，无效数据就被红色的椭圆形醒目地圈释出来了。

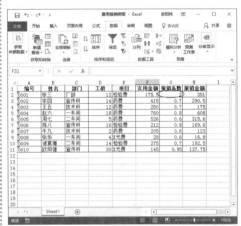

第 3 步：更改无效数据

在圈释的无效单元格中直接更改无效数据，如在单元格 G2 中输入"0.5"。

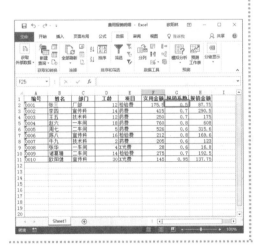

第 4 步：执行清除验证标识圈命令

❶在"数据工具"组中单击"数据验证"按钮；❷在弹出的下拉列表中选择"清除验证标识圈"选项，删除验证标识圈。

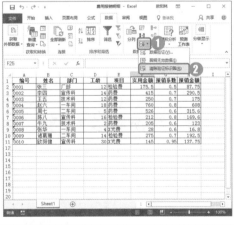

6.3 制作并打印员工工资数据

　　财务人员每个月都要统计员工工资数据，计算员工工资，并制作工资条。本节主要介绍如何在 Excel 2016 中创建工资明细表，如何使用公式和函数计算工资明细表中的数据，以及如何使用查找与引用函数制作工资条。

　　"工资条"制作完成后的效果如下图所示。

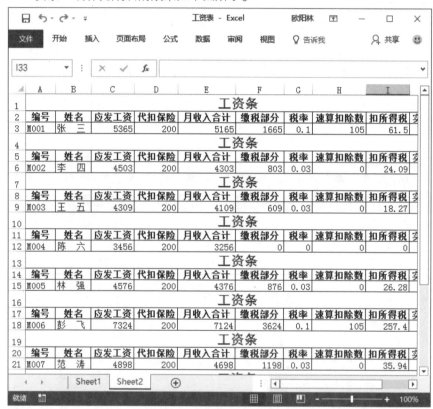

配套文件

原始文件：素材文件\第 6 章\工资表.xlsx
结果文件：结果文件\第 6 章\工资表.xlsx
视频文件：教学文件\第 6 章\制作并打印员工工资数据.mp4

扫码看微课

6.3.1 制作员工工资表

　　工资数据通常包括员工编号、基本工资、应发工资、缴纳的社会保险、缴纳的个人所得税、实发工资等。制作员工工资表的具体操作如下。

第1步：打开素材文件

打开"素材文件\第6章\工资表.xlsx"文件。

第2步：执行对话框启动器命令

选择单元格区域 A1:J1。❶单击"开始"选项卡；❷在"对齐方式"组中单击"对话框启动器"按钮。

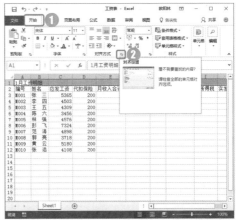

第3步：设置对齐方式

此时将弹出"设置单元格格式"对话框。❶单击"对齐"选项卡；❷在"水平对齐"下拉列表中选择"居中"选项，在"垂直对齐"下拉列表中选择"居中"选项；❸选中"合并单元格"复选框。

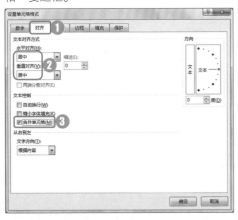

第4步：设置字体格式

❶单击"字体"选项卡；❷在"字体"下拉列表中选择"黑体"选项；❸在"字号"列表框中选择"16"选项；❹单击"确定"按钮。

第5步：查看设置效果

表格标题设置完毕。

第6步：设置对齐方式

❶选择单元格区域 A2:J2。❷单击"开始"选项下"对齐方式"组中的"居中"按钮。

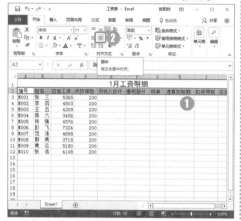

第7步：设置加粗显示

保持单元格区域 A2:J2 呈选择状态。单击"开始"选项卡"字体"组中的"加粗"按钮。

第8步：再次执行对话框启动器命令

❶选择单元格区域 A2:J12。❷单击"开始"选项卡下"对齐方式"组中的"对话框启动器"按钮。

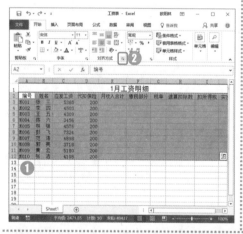

第9步：设置边框

在弹出的"设置单元格格式"对话框中切换到"边框"选项卡。❶选择一种线条样式，如"细线"；❷单击预置的"外边框"和"内部"按钮；❸单击"确定"按钮。

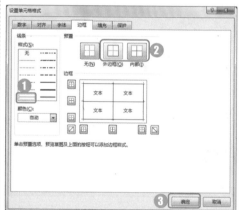

第10步：查看边框设置效果

此时，选择的单元格区域就添加了边框。

6.3.2　计算员工工资数据

使用公式和函数计算员工工资数据，具体操作如下。

第 1 步：计算月收入合计

选择 E3 单元格，在其中输入公式 "= C3-D3"，按 "Enter" 键，即可计算出第一名员工的月收入合计。

第 2 步：填充数据

选择 E3 单元格，将鼠标光标移动到单元格的右下角，此时鼠标指针变成十字形状，双击鼠标左键，即可将公式填充到本列的其他单元格中，所有员工的月收入合计就计算出来了。

第 3 步：计算缴税部分

选择单元格 F3，在其中输入公式 "=IF(E3<=3500,0,E3-3500)"。该公式表示：如果月收入合计小于或等于 3500 元，则缴税部分为 0，否则，缴税部分为 "月收入合计-3500"。输入完毕，直接按 "Enter" 键，即可计算出第一名员工月收入合计中的缴税部分。

第 4 步：填充数据

选择单元格 F3，将鼠标光标移动到单元格的右下角，此时鼠标指针变成十字形状，双击鼠标左键，即可将公式填充到本例的其他单元格中，所有员工的缴税部分就计算出来了。

第 5 步：计算税率

选择单元格 G3，在其中输入公式 "=IF (F3>80000,0.45,IF(F3>55000,0.35,IF(F3>35000, 0.3,IF(F3>9000,0.25,IF(F3>4500,0.2,IF(F3>1500 ,0.1,IF(F3>0,0.03,0))))))))"。该函数是 if 嵌套函数，表示 7 级超额累进税率下，根据缴税部分确定执行税率的计算方法。输入完毕，按 "Enter" 键，即可计算出第一名员工的适用税率。

第 6 步：填充数据

选择单元格 G3，将鼠标光标移动到单元格的右下角，此时鼠标指针变成十字形状，双击鼠标左键，即可将公式填充到本列的其他单元格中，所有员工适用的税率就计算出来了。

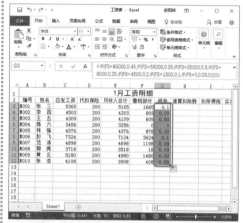

第 7 步：计算速算扣除数

选择单元格 H3:H12 单元格区域，在其中输入公式 "=IF (F3>80000,13505,IF(F3>55000,5505, IF(F3>35000,2755,IF(F3>9000,1005,IF(F3>4500 ,555,IF(F3>1500,105,0))))))"。该函数是 if 嵌套函数，表示 7 级超额累进税率下，根据缴税部分确定速算扣除数的计算方法。输入完毕，直接按 "Ctrl+Enter" 键，即可计算出所有员工适用的速算扣除数。

第 8 步：查看计算结果

在 H3:H12 单元格区域中即可查看到计算结果。

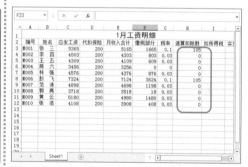

第 9 步：计算应扣所得税

选择单元格 I3，在其中输入公式 "= F3* G3 -H3"。输入完毕，直接按 "Enter" 键，即可计算出第一名员工的应扣所得税。

第 10 步：填充数据

将鼠标光标移动到 I3 单元格的右下角，此时鼠标指针变成十字形状，双击鼠标左键，即可将公式填充到本列的其他单元格中，所有员工的应扣所得税就计算出来了。

第 11 步：计算实发工资

选择 J3 单元格，在其中输入公式 "= E3-I3"。输入完毕，直接按 "Enter" 键，即可计算出第一名员工的实发工资。

第 12 步：填充数据

选择单元格 J3，将鼠标光标移动到单元格的右下角，此时鼠标指针变成十字形状，双击鼠标左键，即可将公式填充到本列的其他单元格中，所有员工的实发工资数据计算出来了。

 疑难解答

Q：在核算员工工资时会涉及个人所得税的计算。如何计算个人所得税呢？

A：在计算员工工资数据时，不可避免地会遇到个人所得税的计算。个人所得税是国家税务机关对个人所得计征的一种税。自 2011 年 9 月 1 日起，个税起征点调整为 3500 元，实行调整后的 7 级超额累进税率。

个人所得税=（总工资−五险一金−免征额）×税率−速算扣除数

6.3.3 制作工资条

接下来，介绍使用"VLOOKUP"引用工资数据生成工资条的具体操作。

第1步：执行新建工作簿命令

在任务栏中单击"新工作表"按钮。

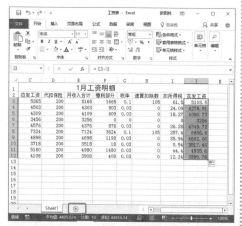

第2步：制作工资条的表格框架

此时即可新建一个名为"Sheet2"的工作表。在其中制作工资条的表格框架。

第3步：输入编号

选择单元格 A3，录入第一名员工的编号"M001"。

第4步：引用姓名

选择单元格 B3，在其中输入公式"= VLOOKUP(A3,'Sheet1'!$A$2:$J$12,2,0)"。输入完毕，直接按"Enter"键，即可得到员工姓名。

第5步：引用应发工资

选择单元格 C3，在其中输入公式"= VLOOKUP(A3,'Sheet1'!$A$2:$J$12,3,0)"。输入完毕，直接按"Enter"键，即可得到员工的应发工资。

第 6 步：引用代扣保险

选择单元格 D3，在其中输入公式 "= VLOOKUP (A3,'Sheet1'!$A$2:$J$12,4,0)"。输入完毕，直接按 "Enter" 键，即可得到员工的代扣保险。

第 7 步：引用月收入合计

选择单元格 E3，在其中输入公式 "= VLOOKUP (A3,'Sheet1'!$A$2:$J$12,5,0)"。输入完毕，直接按 "Enter" 键，即可得到员工的月收入合计。

第 8 步：引用缴税部分

选择 F3 单元格，在其中输入公式 "= VLOOKUP (A3,'Sheet1'!$A$2:$J$12,6,0)"。输入完毕，直接按 "Enter" 键，即可得到员工的缴税部分。

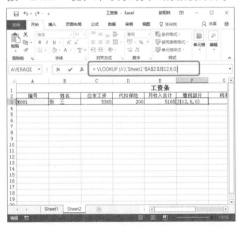

第 9 步：引用税率

选择单元格 G3，在其中输入公式 "= VLOOKUP (A3,'Sheet1'!$A$2:$J$12,7,0)"。输入完毕，直接按 "Enter" 键，即可得到员工的适用税率。

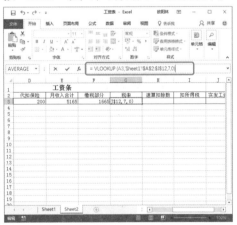

第 10 步：引用速算扣除数

选择单元格 H3，在其中输入公式 "= VLOOKUP (A3,'Sheet1'!$A$2:$J$12,8,0)"。输入完毕，直接按 "Enter" 键，即可得到员工的速算扣除数。

第 11 步：引用扣所得税

选择单元格 I3，在其中输入公式 "= VLOOKUP (A3,'Sheet1'!$A$2:$J$12,9,0)"。输入完毕，直接按 "Enter" 键，即可得到员工的所得税扣除数。

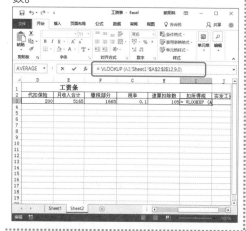

第 12 步：引用实发工资

选择单元格 J3，在其中输入公式 "= VLOOKUP (A3,'Sheet1'!$A$2:$J$12,10,0)"。输入完毕，直接按 "Enter" 键，即可得到员工的实发工资。

第 13 步：定位鼠标

选择单元格区域 A1:J3，将鼠标光标移动到单元格区域的右下角，此时鼠标指针变成十字形状。

第 14 步：填充数据区域

按住鼠标左键，向下拖动至单元格 J30。

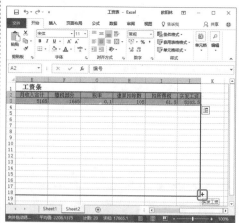

第 15 步：查看工资条

释放鼠标键，即可生成所有员工的工资条。

6.3.4 打印工资条

工资条制作完成后，可以使用鼠标在"打印预览"界面手动调整页边距，具体操作如下。

第1步：执行文件命令

单击"文件"选项卡。

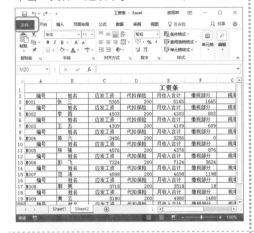

第2步：单击打印选项卡

单击"打印"选项卡，即可进入"打印"界面。

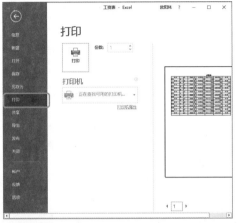

第3步：执行显示边距命令

在打印预览窗口单击"显示边距"按钮 🔲。

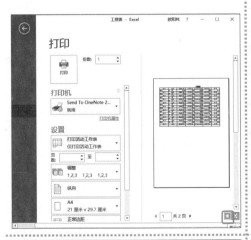

第4步：预览边距

此时即可看到页面的上、下、左、右分别出现了边线。

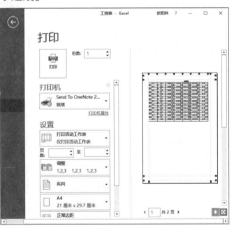

第5步：上下调整边距

将鼠标光标移动到上侧的横向边线上，此时鼠标指针变成 ✚ 形状，按住鼠标左键不放，即可向上或向下调整页边距。

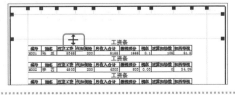

第 6 步：左右调整边距

将鼠标光标移动到左侧的竖向边线上，此时鼠标指针变成 ✛ 形状，按住鼠标左键不放，即可向左或向右调整页边距。

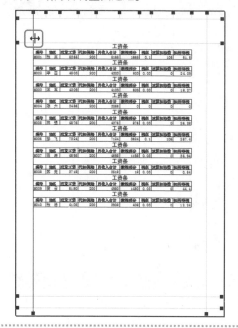

第 7 步：打印工资条

单击"打印"按钮，即可打印工资条。

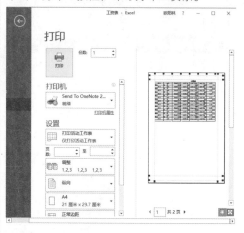

 知识加油站

除手动调整边距以外，还可以打开"页面设置"对话框，精确调整页边距。这种调整方式适合对纸张的上、下、左、右边距要求比较严格的文档，一般用于打印和存档标准办公文件。

高手秘籍 实用操作技巧

通过前面的学习，相信读者朋友已经掌握了 Excel 表格的编辑技巧和公式的使用方法。下面结合本章内容，介绍一些实用技巧。

配套文件

原始文件：素材文件\第 6 章\实用技巧\
结果文件：结果文件\第 6 章\实用技巧\
视频文件：教学文件\第 6 章\高手秘籍\

Skill 01　设置斜线表头

斜线表头是指在表格单元格中绘制斜线，以便在斜线单元格中添加项目名称。既可以直接插入直线，也可以通过设置单元格格式来制作斜线表头。

接下来，通过设置单元格格式制作斜线表头，具体操作如下。

第 1 步：设置对齐方式

❶选择单元格 A1。❷在"开始"选项卡下"对齐方式"组中分别单击"垂直居中"和"左对齐"按钮。

第 2 步：设置自动换行

在"对齐方式"组中单击"自动换行"按钮。

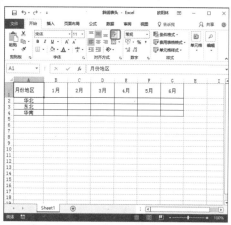

第 3 步：调整为两行

将鼠标定位在两个项目名称之间，使用空格键将项目名称调整为两行。

第 4 步：微调首行

将光标定位在第一个项目名称前，使用空格键将第一个项目名称调整为右对齐。

第 5 步：执行对话框启动器命令

❶选择单元格 A1。❷单击"开始"选项下"对齐方式"组中的"对话框启动器"按钮。

第6步：设置斜线

此时将弹出"设置单元格格式"对话框。❶单击"边框"选项卡；❷单击"斜线"按钮；❸单击"确定"按钮。

第7步：查看斜线表头

到这里，斜线表头就制作完成了。

Skill 02 批量输入相同数据有绝招

在不同的单元格中输入大量相同的数据信息时，如果逐个输入，需要花费很长的时间，而且容易出错。通过"Ctrl+Enter"组合键可以批量输入相同的数据，这不但对连续单元格区域适用，而且对不连续的单元格区域同样适用。

批量输入相同数据的具体操作方法如下。

第1步：选择单元格

同时选择需要填充相同数据的单元格。如果某些单元格不相邻，可在按"Ctrl"键的同时单击鼠标左键逐个选择。

第2步：输入数据

在保持单元格区域被选中的状态下，在编辑栏中输入文字"内容"，然后按"Ctrl+ Enter"组合键。

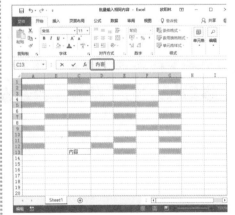

第3步：查看输入结果

此时，选中的所有单元格中都填充了相同的数据。

知识加油站

要在相邻的单元格中录入相同的数据，方法为：在第一个单元格中录入数据，将鼠标光标定位在单元格的右下角，待鼠标指针变成十字形状时，拖动鼠标填充相同的数据。

Skill 03　如何使用辅助列制作工资条

除使用 VLOOKUP 函数和数据填充功能制作工资条外，还可以通过设置辅助列的方法快速制作工资条，具体操作如下。

第1步：填充连续奇数

在 K2 单元格中输入文字"辅助列"，在单元格区域 K3:K12 中填充 1 到 19 之间的连续奇数。

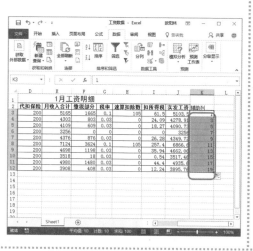

第2步：填充连续偶数

在单元格区域 K13:K21 中填充 2 到 18 之间的连续偶数。

151

第 3 步：粘贴标题行

复制标题行，将其粘贴在 2 到 18 之间的连续偶数行中。

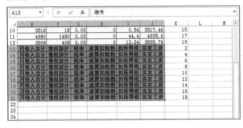

第 4 步：执行排序命令

选择任一数据单元格，❶单击"数据"选项卡；❷单击"排序和筛选"组中的"排序"按钮。

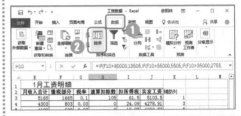

第 5 步：设置排序条件

此时将弹出"排序"对话框。❶在"主要关键字"下拉列表中选择"辅助列"选项，在"排序依据"下拉列表中选择"数值"选项，在"次序"下拉列表中选择"升序"选项；❷单击"确定"按钮。

第 6 步：查看排序结果

此时，即可看到按辅助列的数值升序排序的结果。

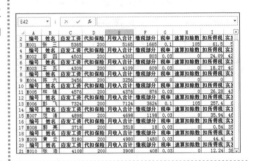

第 7 步：删除辅助列

排序完成后，选择添加的辅助列并在其上单击鼠标右键，在弹出的快捷菜单中选择"删除"选项，删除辅助列，此时工资条就制作完成了。

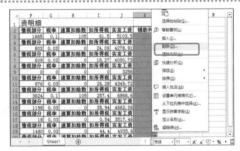

本章小结

　　本章结合实例主要讲述了 Excel 2016 工作簿和工作表的创建方法、表格的基本操作、数据有效性的验证方法，以及公式在数据计算中的应用。本章的重点是让读者掌握表格的制作和美化技巧，以及数据表的设置方法。通过对本章的学习，读者能够熟练掌握表格编辑与公式计算的技巧和方法。

07

第 7 章

Excel 表格数据的排序、筛选与汇总

本章导读

　　排序、筛选和分类汇总是重要的数据统计和分析工具。本章以排序销售统计表、筛选订单明细表和汇总差旅费统计表为例，介绍排序、筛选和分类汇总功能在数据统计与分析工作中的操作技巧。

知识要点

- ➡ 简单排序的应用
- ➡ 复杂排序的应用
- ➡ 自定义排序的技巧

- ➡ 自动筛选的应用
- ➡ 高级筛选的应用
- ➡ 分类汇总的应用

案例展示

实战应用　跟着案例学操作

7.1　排序销售统计表

为了方便查看表格中的数据，可以按照一定的顺序对工作表中的数据重新排序。数据排序的方法主要包括简单排序、复杂排序和自定义排序。本节以排序销售统计表为例，介绍 3 种排序方法的具体操作。

"销售统计表"排序完成后的效果如下图所示。

⚄	A	B	C	D	E	F	G	H
1	销售日期	产品名称	销售区域	销售数量	产品单价	销售额		
2	2017/7/19	液晶电视	北京分部	75台	¥8,000	¥600,000		
3	2017/7/28	液晶电视	北京分部	65台	¥8,000	¥520,000		
4	2017/7/12	液晶电视	北京分部	60台	¥8,000	¥480,000		
5	2017/7/8	冰箱	北京分部	100台	¥4,100	¥410,000		
6	2017/7/5	饮水机	北京分部	76台	¥1,200	¥91,200		
7	2017/7/18	液晶电视	上海分部	85台	¥8,000	¥680,000		
8	2017/7/1	液晶电视	上海分部	59台	¥8,000	¥472,000		
9	2017/7/30	冰箱	上海分部	93台	¥4,100	¥381,300		
10	2017/7/29	洗衣机	上海分部	78台	¥3,800	¥296,400		
11	2017/7/2	冰箱	上海分部	45台	¥4,100	¥184,500		
12	2017/7/25	电脑	上海分部	32台	¥5,600	¥179,200		
13	2017/7/10	电脑	上海分部	30台	¥5,600	¥168,000		
14	2017/7/22	洗衣机	上海分部	32台	¥3,800	¥121,600		
15	2017/7/14	饮水机	上海分部	90台	¥1,200	¥108,000		
16	2017/7/27	饮水机	上海分部	44台	¥1,200	¥52,800		
17	2017/7/17	冰箱	天津分部	95台	¥4,100	¥389,500		
18	2017/7/16	电脑	天津分部	65台	¥5,600	¥364,000		
19	2017/7/15	空调	天津分部	70台	¥3,500	¥245,000		
20	2017/7/4	空调	天津分部	69台	¥3,500	¥241,500		
21	2017/7/31	空调	天津分部	32台	¥3,500	¥112,000		
22	2017/7/6	饮水机	天津分部	90台	¥1,200	¥108,000		
23	2017/7/11	饮水机	天津分部	40台	¥1,200	¥48,000		
24	2017/7/21	饮水机	天津分部	12台	¥1,200	¥14,400		
25	2017/7/3	电脑	广州分部	234台	¥5,600	¥1,310,400		

配套文件

原始文件：素材文件\第 7 章\销售统计表.xlsx
结果文件：结果文件\第 7 章\销售统计表.xlsx
视频文件：教学文件\第 7 章\排序销售统计表.mp4

扫码看微课

7.1.1　简单排序

对数据清单进行排序时，如果按照单列的内容进行简单排序，则既可以直接使用"升序"或"降序"按钮来完成，也可以通过"排序"对话框来完成。

1. 使用"升序"和"降序"按钮

使用"升序"按钮按"产品名称"对销售数据进行简单排序，具体操作如下。

第 1 步：单击"升序"按钮

打开"素材文件\第 7 章\销售统计表.xlsx"文件，选择"产品名称"列中的任意一个单元格。❶单击"数据"选项卡；❷在"排序和筛选"组中单击"升序"按钮。

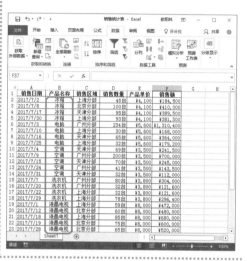

第 2 步：查看排序结果

此时，销售数据就会按照"产品名称"进行升序排序。

2. 使用"排序"对话框

使用"排序"对话框设置一个排序条件，按"产品单价"对销售数据进行降序排序，具体操作如下。

第 1 步：单击"排序"按钮

选择数据区域中的任意一个单元格。❶单击"数据"选项卡；❷在"排序和筛选"组中单击"排序"按钮。

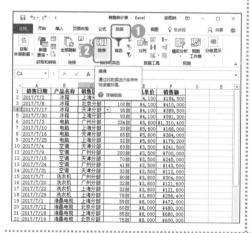

第 2 步：设置排序条件

此时将弹出"排序"对话框。❶在"主要关键字"下拉列表中选择"产品单价"选项；❷在"次序"下拉列表中选择"降序"选项；❸单击"确定"按钮。

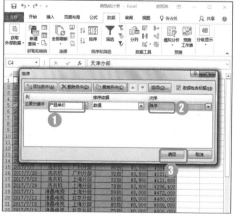

第3步：查看排序结果

此时，销售数据就会按照"产品单价"进行降序排序。

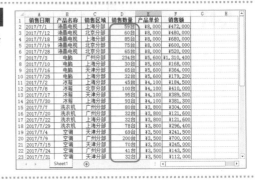

疑难解答

Q：Excel 中的数据排序默认是按行排序和按字母排序，能不能按列排序或按笔画排序呢？

A：当然可以。打开"排序"对话框，单击"选项"按钮，在弹出的"选项"对话框中选择"按列排序"和"按笔画排序"选项即可。

7.1.2 复杂排序

如果在排序字段里出现相同的内容，会保持它们的原始次序。如果用户还要对这些相同的内容按照一定条件进行排序，就会用到多个关键字的复杂排序。

先按照"销售区域"对销售数据进行升序排列，再按照"销售额"进行降序排列，具体操作如下。

第1步：执行排序命令

选择数据区域中的任意一个单元格。❶单击"数据"选项卡；❷在"排序和筛选"组中单击"排序"按钮。

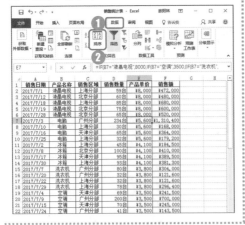

第2步：设置第一个排序条件

此时将弹出"排序"对话框。❶在"主要关键字"下拉列表中选择"销售区域"选项；❷在"次序"下拉列表中选择"升序"选项；❸单击"添加条件"按钮。

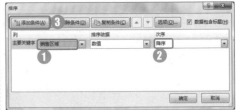

第 3 步：设置第二个排序条件

此时即可添加一组新的排序条件。❶ 在"次要关键字"下拉列表中选择"销售额"选项；❷ 在"次序"下拉列表中选择"降序"选项；❸ 单击"确定"按钮。

第 4 步：查看排序结果

此时，销售数据在根据"销售区域"进行升序排列的基础上，按照"销售额"进行了降序排列。

7.1.3 自定义排序

数据的排序方式除了可以按照数字大小和拼音字母顺序排列外，还会涉及一些没有明显顺序特征的项目，如"产品名称"、"销售区域"、"业务员"、"部门"等。此时，可以按照自定义的序列对这些数据进行排序。

将销售区域的序列顺序定义为"北京分部"、"上海分部"、"天津分部"、"广州分部"，然后进行排序，具体操作步骤如下。

第 1 步：执行排序命令

在数据区域选择任意一个单元格。❶ 单击"数据"选项卡；❷ 单击"排序和筛选"组中的"排序"按钮。

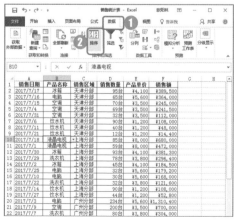

第 2 步：执行自定义序列命令

此时将弹出"排序"对话框。在"主要关键字"的"次序"下拉列表中选择"自定义序列"选项。

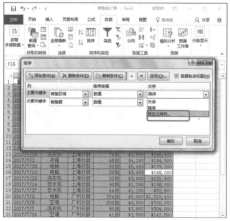

第3步：自定义排序

此时将弹出"自定义排序"对话框。❶在"自定义序列"列表框中选择"新序列"选项；❷在"输入序列"文本框中输入"北京分部,上海分部,天津分部,广州分部"，中间用英文半角状态的逗号隔开；❸单击"添加"按钮。

第4步：查看添加结果

此时，新定义的序列"北京分部,上海分部,天津分部,广州分部"就添加到了"自定义序列"列表框中，单击"确定"按钮。

第5步：选择次序

返回"排序"对话框。此时，在"主要关键字"的"次序"下拉列表中自动选择"北京分部,上海分部,天津分部,广州分部"选项，然后单击"确定"按钮。

第6步：查看自定义排序结果

此时，表格中的数据按照自定义序列进行了排序。

7.2 筛选订单明细表

如果想在成百上千条数据记录中查询需要的数据，就要使用 Excel 的筛选功能。Excel 2016 提供了 3 种数据筛选操作，即自动筛选、自定义筛选和高级筛选。本节主要使用 Excel 的筛选功能对订单明细表中的数据按条件进行筛选和分析。

"订单明细表"筛选完成后的效果如下图所示。

	A	B	C	D	E	F	G
1	定购日期	订单 ID	国家/地区	销售人员	订单金额		
8	2016/4/3	1023196	美国	张洁	¥439.00		
20	2016/4/8	1023182	美国	张洁	¥265.35		
23	2016/4/8	1023225	美国	张洁	¥326.00		
35	2016/4/13	1023232	欧洲	张洁	¥933.50		
39	2016/4/15	1023228	美国	张洁	¥329.69		
47	2016/4/20	1023226	欧洲	张洁	¥295.38		
76							
77							
78				销售人员	订单金额		
79				张洁	<1000		

配套文件

原始文件：素材文件\第 7 章\订单明细表.xlsx
结果文件：结果文件\第 7 章\订单明细表.xlsx
视频文件：教学文件\第 7 章\筛选订单明细表.mp4

扫码看微课

7.2.1 自动筛选

自动筛选是 Excel 的一个易于操作且经常使用的技巧。自动筛选通常按简单的条件进行筛选，筛选时将不满足条件的数据暂时隐藏，只显示符合条件的数据。

在订单明细表中筛选出来自东南亚的订单记录，具体操作如下。

第 1 步：执行筛选命令

打开"素材文件\第 7 章\订单明细表.xlsx"文件，在数据区域中选择任一单元格。❶单击"数据"选项卡；❷单击"排序和筛选"组中的"筛选"按钮。

第 2 步：进入筛选状态

此时，工作表进入筛选状态，各标题字段的右侧出现一个下拉按钮。

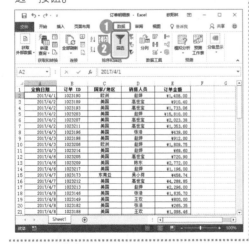

第 3 步：单击下拉按钮

单击"国家/地区"列右侧的下拉按钮。

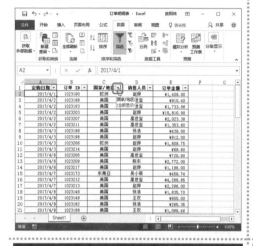

第 4 步：弹出筛选列表

此时将弹出一个筛选列表，所有的国家/地区都处于选中状态。

第 5 步：取消全选

取消选中"全选"复选框。

第 6 步：选择选项

❶选中"东南亚"复选框；❷单击"确定"按钮。

第 7 步：查看筛选结果

此时，来自东南亚的订单记录就被筛选出来了，在筛选字段的右侧会出现一个"筛选"按钮。

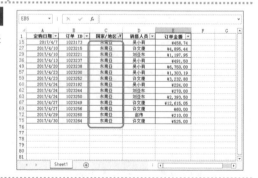

第 8 步：清除筛选

单击"数据"选项卡下"排序和筛选"组中的"清除"按钮，即可清除当前数据区域的筛选和排序状态。

7.2.2 自定义筛选

自定义筛选是指通过定义筛选条件查询符合条件的数据记录。在 Excel 2016 中，自定义筛选包括日期筛选、数字筛选和文本筛选。

在订单明细表中自定义筛选订单金额为 2000～6000 元之间的订单数据记录，具体操作如下。

第 1 步：单击下拉按钮	第 2 步：选择数字筛选
进入筛选状态，单击"订单金额"列右侧的下拉按钮。	❶在弹出的筛选列表中选择"数字筛选"选择；❷在其级联菜单中选择"自定义筛选"选项。

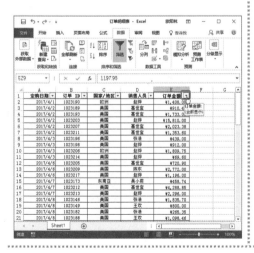

第3步：自定义筛选条件

此时将弹出"自定义自动筛选方式"对话框。❶将筛选条件设置为订单金额"大于或等于"、"2000"与"小于或等于"、"6000"；❷单击"确定"按钮。

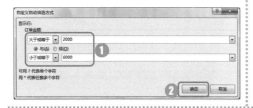

第4步：查看筛选结果

此时，订单金额为2000~6000元的订单明细就被筛选出来了。

7.2.3 高级筛选

在数据筛选过程中，可能会遇到许多复杂的筛选条件，此时，就可以使用Excel的高级筛选功能。使用高级筛选功能，其筛选的结果可以显示在原数据表中，也可以显示在新的位置。

在订单明细表中筛选销售人员"张浩"接到的金额小于1000元的小额订单明细，具体操作步骤如下。

第1步：设置筛选条件

清除原有的筛选结果，在单元格 D77 中输入"销售人员"，在单元格 D78 中输入"张浩"，在单元格 E77 中输入"订单金额"，在单元格 E78中输入"<1000"。

第2步：执行高级筛选命令

在数据区域选择任意一个单元格。❶单击"数据"选项卡；❷单击"排序和筛选"工具组中的"高级"按钮。

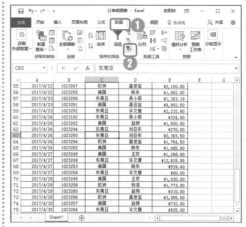

第 3 步：单击折叠按钮

此时将弹出"高级筛选"对话框。❶选中"在原有区域显示筛选结果"单选按钮；❷单击"条件区域"文本框右侧的"折叠"按钮。

第 5 步：确认设置

返回"高级筛选"对话框，直接单击"确定"按钮。

第 4 步：设置条件区域

此时将弹出"高级筛选-条件区域"对话框。❶在工作表中选择单元格区域 D77:E78；❷单击"高级筛选-条件区域:"对话框中的"展开"按钮。

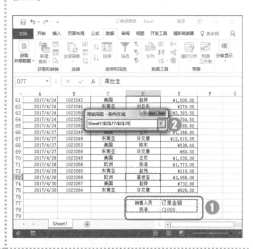

第 6 步：查看高级筛选结果

此时，系统自动按条件筛选出对应的数据结果。

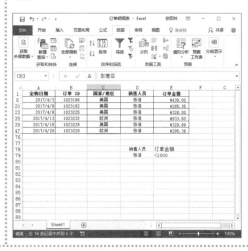

7.3 汇总差旅费明细表

差旅费是公司的一项重要的经常性支出项目，建立科学、合理的差旅费管理制度具有非常重要的意义。接下来，使用 Excel 2016 的分类汇总功能，对差旅费明细表中的数据进行分类汇总，统计各部门和各员工的差旅费使用情况。

"差旅费明细表"制作完成后的效果如下图所示。

员工姓名	所属部门	费用产生日期	交通费用	住宿费用	膳食费用	费用总额
总计						81997.00
邹 平 汇总						1775.00
邹 平	推广部	2017/1/12	1390.00	320.00	65.00	1775.00
周 格 汇总						1146.00
周 格	企划部	2017/1/14	180.00	728.00	238.00	1146.00
张 三 汇总						12788.00
张 三	销售部	2017/1/5	1750.00	1440.00	120.00	3310.00
张 三	销售部	2017/1/17	2378.00	2780.00	4320.00	9478.00
张 浩 汇总						4118.00
张 浩	推广部	2017/1/11	2368.00	1364.00	386.00	4118.00
肖 倩 汇总						3876.00
肖 倩	推广部	2017/1/6	1160.00	0.00	0.00	1160.00
肖 倩	推广部	2017/1/11	1050.00	486.00	1180.00	2716.00
王 五 汇总						3832.00
王 五	企划部	2017/1/7	0.00	218.00	980.00	1198.00
王 五	企划部	2017/1/25	2368.00	180.00	86.00	2634.00
孙 天 汇总						1748.00
孙 天	推广部	2017/1/30	1432.00	218.00	98.00	1748.00
彭 飞 汇总						7013.00
彭 飞	推广部	2017/1/17	0.00	246.00	110.00	356.00
彭 飞	销售部	2017/1/10	1734.00	0.00	980.00	2714.00
彭 飞	销售部	2017/1/14	2645.00	980.00	318.00	3943.00
罗 丹 汇总						1660.00
罗 丹	推广部	2017/1/31	880.00	620.00	160.00	1660.00
刘 浩 汇总						2480.00
刘 浩	推广部	2017/1/15	2000.00	480.00	0.00	2480.00
林 强 汇总						6824.00
林 强	企划部	2017/1/1	1124.00	820.00	2780.00	4724.00
林 强	企划部	2017/1/15	1680.00	340.00	80.00	2100.00
李 四 汇总						1918.00
李 四	财务部	2017/1/7	1080.00	320.00	518.00	1918.00
李 佳 汇总						3051.00
李 佳	推广部	2017/1/20	2495.00	480.00	76.00	3051.00

配套文件

原始文件：素材文件\第 7 章\差旅费明细表.xlsx
结果文件：结果文件\第 7 章\差旅费明细表.xlsx
视频文件：教学文件\第 7 章\汇总差旅费明细表.mp4

扫码看微课

7.3.1 按部门进行汇总

本节按照所属部门对差旅费明细表的数据进行分类汇总,统计各部门的差旅费使用总额。创建分类汇总之前,要按照所属部门对工作表中的数据进行排序,然后进行汇总,具体操作如下。

第 1 步:执行排序命令

打开"素材文件\第 7 章\差旅费明细表.xlsx"文件,❶在数据区域中选择任一单元格。❷单击"数据"选项卡下"排序和筛选"工具组中的"排序"按钮。

第 2 步:设置排序条件

此时将弹出"排序"对话框。❶单击"主要关键字"列表框,选择排序关键字,如"所属部门",并设置排序依据和次序;❷单击"确定"按钮。

第 3 步:查看排序结果

此时,表格中的数据就会根据"所属部门"列的拼音首字母升序排列。

第 4 步:执行分类汇总命令

单击"数据"选项卡下"分级显示"工具组中的"分类汇总"按钮。

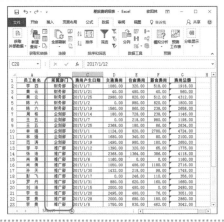

第 5 步：设置汇总选项

此时将弹出"分类汇总"对话框。❶在"分类
字段"下拉列表中选择"所属部门"选项，在
"汇总方式"下拉列表中选择"求和"选项；
❷在"选定汇总项"列表框中选中"费用总额"
复选框；❸选中"替换当前分类汇总"和"汇
总结果显示在数据下方"复选框；❹单击"确
定"按钮。

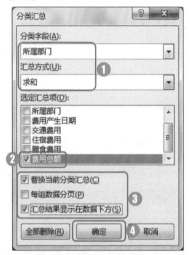

第 6 步：查看汇总结果

此时即可看到按照所属部门对费用总额进行
汇总的第三级汇总结果。

第 7 步：显示第二级汇总

单击汇总区域左上角的数字按钮"2"，即可
查看第二级汇总结果。

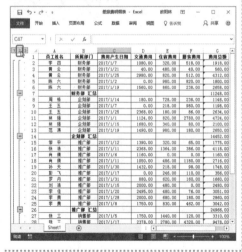

第 8 步：再次执行分类汇总命令

❶单击"数据"选项卡；❷单击"分级显示"
组中的"分类汇总"按钮。

第 9 步：删除分类汇总

在弹出的"分类汇总"对话框中直接单击"全部删除"按钮即可删除分类汇总。

第 10 步：返回汇总前状态

此时，差旅费明细表中的数据就会恢复为汇总前的状态。

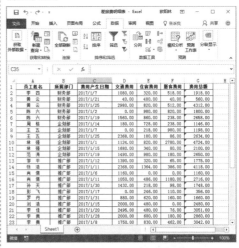

7.3.2 按员工姓名进行汇总

本节按照员工姓名对差旅费明细表中的数据进行分类汇总，统计每名员工的差旅费使用情况。创建分类汇总之前，要按照员工姓名对工作表中的数据进行排序，然后进行汇总，具体操作如下。

第 1 步：单击"降序"按钮

❶选择 A2 单元格；❷单击"数据"选项卡下"排序和筛选"组中的"降序"按钮。

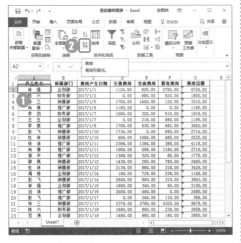

第 2 步：查看排序结果

此时，差旅费明细表中的数据就会按照"员工姓名"降序排序。

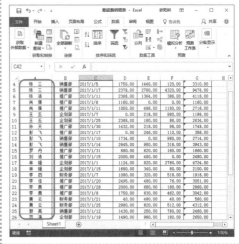

第3步：执行分类汇总命令

单击"数据"选项卡下"分类显示"工具组中的"分类汇总"按钮。

第4步：设置汇总选项

此时将弹出"分类汇总"对话框。❶在"分类字段"下拉列表中选择"员工姓名"选项，在"汇总方式"下拉列表中选择"求和"选项；❷在"选定汇总项"列表框中选中"费用总额"复选框；❸选中"每组数据分页"复选框；❹单击"确定"按钮。

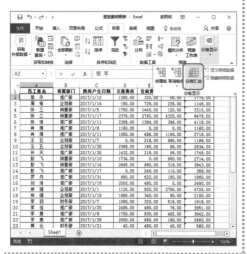

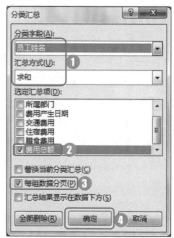

第5步：查看汇总结果

此时即可看到按照所属部门对"费用总额"进行分类汇总的第三级汇总结果。

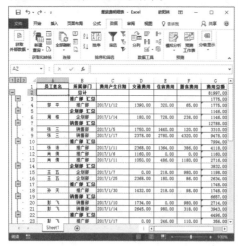

第6步：查看第二级汇总

单击汇总区域左上角的数字按钮"2"，即可查看第二级汇总结果。

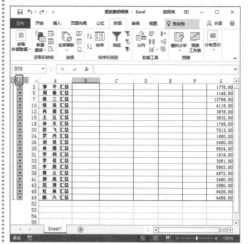

第 7 步：单击"加号"按钮

在第二级汇总数据中，单击任意一个"加号"按钮，即可展开下一级数据。

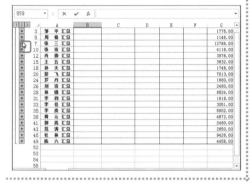

第 8 步：查看下一级数据

展开下一级数据。

第 9 步：查看所有的第三级汇总

单击汇总区域左上角的数字按钮"3"，即可查看第三级汇总结果。

第 10 步：分页打印汇总结果

❶单击"文件"选项卡，选择"打印"选项，进入打印界面；❷单击预览界面左下方的"上一页"或"下一页"按钮，即可在预览界面中分页预览分类汇总结果。

高手秘籍 实用操作技巧

通过对前面章节的学习，相信读者朋友已经掌握了 Excel 表格中的数据排序、筛选与分类汇总功能。下面结合本章内容，介绍一些实用技巧。

配套文件

原始文件：素材文件\第 7 章\实用技巧\

结果文件：结果文件\第 7 章\实用技巧\

视频文件：教学文件\第 7 章\高手秘籍\

Skill 01　选取数据有妙招

使用"Ctrl+Shift+方向键"可以快速批量选取数据。例如，选中首行数据，然后按"Ctrl+Shift+↓"组合键，即可选中表格中的所有数据记录。接下来，分别介绍"Ctrl+Shift"组合键与上、下、左、右方向键的组合应用，具体操作如下。

第1步：向上选取数据

选择数据区域中的一个单元格，按"Ctrl+Shift+↑"组合键，即可选择该单元格及该单元格上方的数据区域。

第2步：向下选取数据

按"Ctrl+Shift+↓"组合键，即可选择该单元格及该单元格下方的数据区域。

第3步：向左选取数据

按"Ctrl+Shift+←"组合键，即可选择该单元格及该单元格左侧的数据区域。

第4步：向右选取数据

按"Ctrl+Shift+→"组合键，即可选择该单元格及该单元格右侧的数据区域。

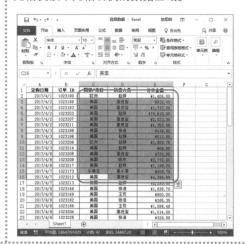

Skill 02　筛选不同颜色的数据

　　自动筛选功能不仅能够根据文本内容、数字、日期进行筛选，还可以根据数据的颜色进行筛选。根据颜色筛选数据的具体操作方法如下。

第 1 步：单击下拉按钮

打开"第 7 章\使用技巧\按颜色筛选数据.xlsx"文件，进入筛选状态，单击"产品名称"右侧的下拉按钮。

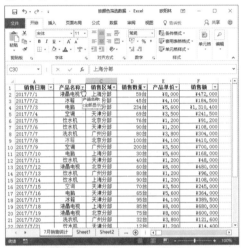

第 2 步：选择筛选选项

在弹出的筛选列表中选择"按颜色筛选"→"红色"选项。

第 3 步：查看筛选结果

此时，"产品名称"列中所有字体为红色的数据记录就被筛选出来了。

171

Skill 03　把汇总项复制并粘贴到另一个工作表中

对数据进行分类汇总后，如果要将汇总项复制并粘贴到另一个工作表中，通常会连带第二级和第三级数据。此时，可以通过定位可见单元格的方法复制数据，然后只粘贴数值，以剥离第二级和第三级数据。

复制和粘贴汇总项的具体操作如下。

第1步：打开素材文件

打开"第7章\使用技巧\按颜色筛选数据.xlsx"文件。

第2步：打开"定位"对话框

按"Ctrl+G"组合键，打开"定位"对话框，单击"定位条件"按钮。

第3步：定位可见单元格

此时将打开"定位条件"对话框。❶选中"可见单元格"单选按钮；❷单击"确定"按钮。

第4步：复制数据

此时即可选择可见单元格。单击鼠标右键，在弹出的快捷菜单中选择"复制"命令。

第 5 步：粘贴数据

新建工作表，单击鼠标右键，在弹出的快捷菜单中选择"粘贴选项"组中的"数值"选项。

第 6 步：查看粘贴结果

此时，所有二级数据的汇总项就被复制到了新的工作表中。

本章小结

　　本章结合实例讲解了 Excel 的排序、筛选和分类汇总功能。本章的重点是让读者掌握自定义排序、高级筛选的技巧及分类汇总功能。通过对本章的学习，读者能够熟练掌握表格的数据统计和分析技能。

第 8 章

Excel 统计图表和透视图表的应用

本章导读

Excel 2016 具有强大的图表功能。使用图表功能可以直观地展现数据，使数据更具说服力。本章以制作考评成绩柱形图、销售数据统计图和销售数据透视图为例，介绍图表、迷你图表和数据透视图表在数据统计与分析中的应用。

知识要点

- ➡ 创建图表的方法
- ➡ 迷你图的应用
- ➡ 双轴图表的设计方法
- ➡ 切片器和日程表的应用
- ➡ 数据透视表的应用
- ➡ 字段的设置技巧

案例展示

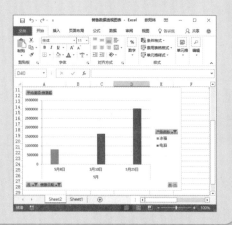

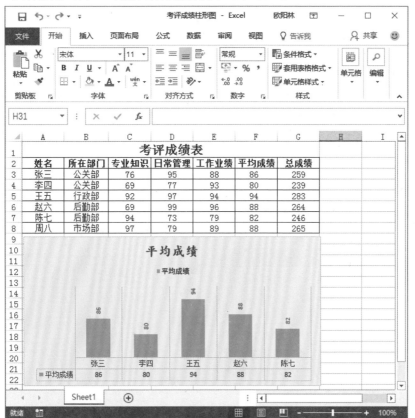

实战应用 跟着案例学操作

8.1 制作考评成绩柱形图

通常情况下，企业会定期对员工进行考评，衡量与评定员工完成岗位任务的能力与效果。本节主要介绍如何使用 Excel 2016 的图表功能，根据员工考评成绩制作考评成绩柱形图。

"考评成绩柱形图"制作完成后的效果如下图所示。

配套文件

原始文件：素材文件\第 8 章\考评成绩柱形图.xlsx
结果文件：结果文件\第 8 章\考评成绩柱形图.xlsx
视频文件：教学文件\第 8 章\制作考评成绩柱形图.mp4

扫码看微课

8.1.1 创建图表

在 Excel 2016 中创建图表的方法非常简单。因为系统自带了很多类型的图表，所以用户只要根据实际需要进行选择即可。接下来，我们创建一个考评成绩柱形图，具体操作如下。

第 1 步：选择数据源

打开"素材文件\第 8 章\考评成绩柱形图.xlsx"文件，选择单元格区域 A2:A8 和 F2:F8。

第 2 步：执行插入簇状柱形图命令

❶单击"插入"选项卡，在"图表"组中单击"柱形图"按钮；❷在弹出的下拉列表中选择"簇状柱形图"选项。

第 3 步：查看创建的图表

此时即可根据源数据创建一个簇状柱形图。

知识加油站

在 Excel 2016 中，如果知道数据应该使用哪种图表类型表示，那么直接插入相应的图表即可；如果不知道选择哪种图表类型，可以使用 Excel 2016 推荐的图表类型。Excel 2016 为各种数据量身定制了多种图表集，以便更好地展现数据。

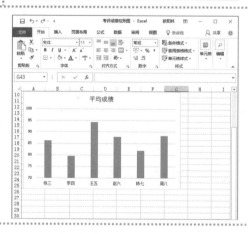

8.1.2 调整图表布局

创建图表后，还可以更改图表外观。我们既可以直接使用快速布局中的样式调整图表布局，也可以根据需要自定义图表布局。

1. 快速布局

为了避免手动进行大量的格式设置，Excel 2016 提供了多种实用的布局和样式，以将其快速应用于图表中。

使用快速布局中的样式调整图表布局的具体操作如下。

第 1 步：执行快速布局命令	第 2 步：查看快速布局效果
选择图表，❶切换至"图表工具-设计"选项卡；❷在"图表布局"组中单击"快速布局"按钮；❸在弹出的下拉列表中选择"布局 2"选项。	此时，选择的图表就应用了"布局 2"的样式。

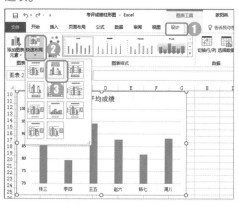

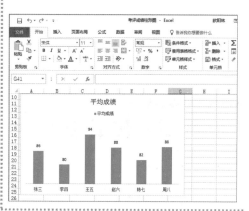

2. 自定义图表布局

除了使用快速布局中的样式调整图表布局，还可以手动更改图表元素、图表样式和使用图表筛选器来自定义图表布局或样式。

自定义图表布局的具体操作如下。

第 1 步：单击"图表元素"按钮	第 2 步：添加数据表
选中图表，在图表的右上角单击"图表元素"按钮。	在弹出的下拉列表中选中"数据表"复选框。

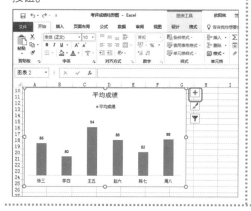

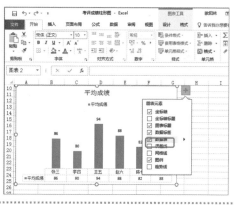

第 3 步：查看添加效果

此时就在原有图表元素的基础上添加上了数据表。

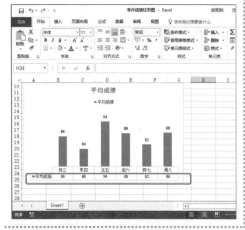

第 4 步：单击"图表样式"按钮

选择图表，在图表的右上角单击"图表样式"按钮。

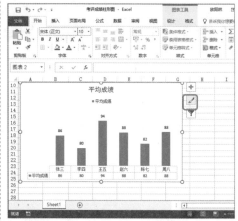

第 5 步：选择样式

在弹出的下拉列表中选择"样式 2"选项。

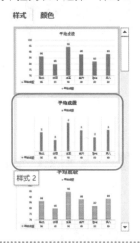

第 6 步：查看应用样式后的效果

此时即可看到应用"样式 2"的效果。

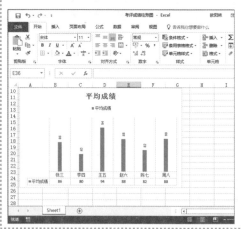

第 7 步：单击"图表筛选器"按钮

选择图表，在图表的右上角单击"图表筛选器"按钮。

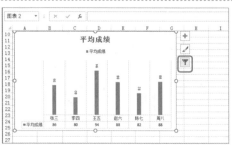

第 8 步：设置筛选条件

❶在弹出的下拉列表中取消选中"周八"复选框；❷单击"应用"按钮。

第 9 步：查看筛选效果

此时，员工"周八"的信息就不在图表中显示了。

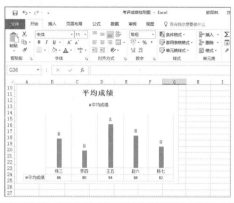

8.1.3　设置图表格式

图表创建完成后，可以通过设置图表格式来美化图表，主要包括对图表标题、图例、图表区域、数据系列、绘图区、坐标轴、网格线等项目进行格式设置，具体操作步骤如下。

第 1 步：设置图表标题的字体格式

❶选择图表标题，单击"开始"选项卡；❷在"字体"组的"字体"下拉列表中选择"楷体"选项。

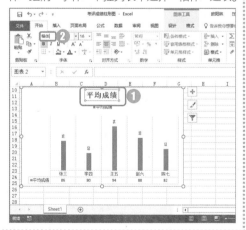

第 2 步：设置图例的字体格式

❶选择图例，单击"开始"选项卡；❷在"字体"组的"字体"下拉列表中选择"黑体"选项。

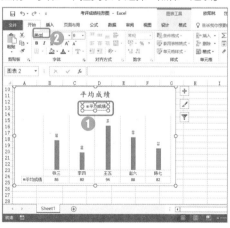

179

第3步：调整图表大小

选择图表，此时图表区的四周会出现8个控制点，将鼠标移动到图表的右下角，此时鼠标指针变成↖形状，按住鼠标左键向左上或右下拖动，拖动到合适的位置后释放鼠标左键，即可调整图表的大小。

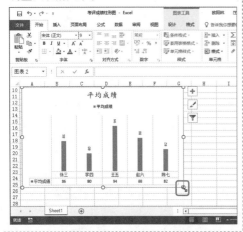

第4步：更改图表颜色

保持图表呈选择状态，❶切换至"图表工具-设计"选项卡；❷在"图表样式"组中单击"更改颜色"按钮；❸在弹出的下拉列表中选择"单色调色板5"选项。

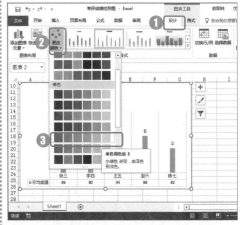

第5步：单击"设置图表区域格式"选项

在图表上单击鼠标右键，在弹出的快捷菜单中选择"设置图表区域格式"命令。

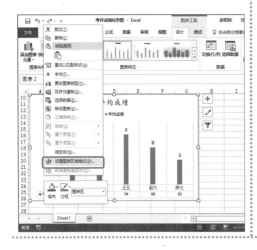

第6步：设置填充颜色

打开"设置图表区格式"窗格。❶在"填充与线条"选项卡中选中"纯色填充"单选按钮；❷在"颜色"下拉列表中选择"橙色，着色6，淡色80%"选项。

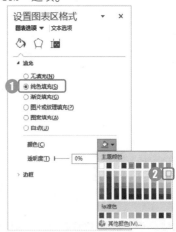

第 7 步：查看图表区域设置效果

此时，图表区域中的颜色就填充为"橙色，着色 6，淡色 80%"。

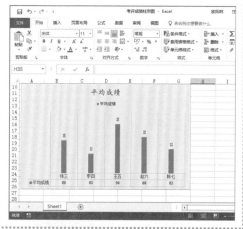

第 8 步：选择"设置数据系列格式"选项

在任一数据系列上单击鼠标右键，在弹出的快捷菜单中选择"设置数据系列格式"命令。

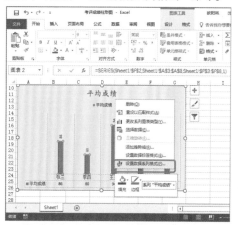

第 9 步：设置系列选项

此时，在工作表的右侧将出现"设置数据系列格式"窗格。❶在"系列重叠"微调框中将数值设置为"10%"；❷在"分类间距"微调框中将数值设置为"100%"。

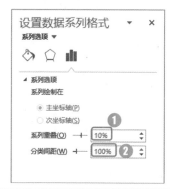

第 10 步：查看设置的效果

设置完成，效果如下图所示。

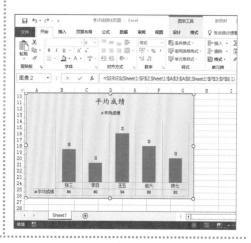

8.2 制作销售数据统计图

Excel 2016 提供了多种图表类型，如柱形图、折线图、饼图、迷你图等。通常情况下，使用柱形图比较数据间的数量关系，使用折线图反映数据间的趋势关系，使用饼图表示数据间的分配关系。本节主要介绍如何使用图表功能制作销售数据统计图，以分析销量变化趋势和销售额分配情况。

"销售数据统计图"制作完成后的效果如下图所示。

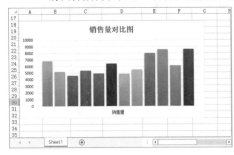

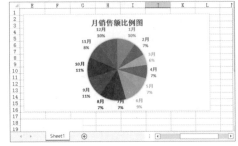

配套文件

原始文件：素材文件\第8章\销售数据统计图.xlsx
结果文件：结果文件\第8章\销售数据统计图.xlsx
视频文件：教学文件\第8章\制作销售数据统计图.mp4

扫码看微课

8.2.1 使用迷你图分析销量变化趋势

迷你图是单元格中的一个微型图表，可提供数据的直观表示。使用迷你图可以显示一系列数值的变化趋势，如不同时期数量的增减变化等，还可以突出显示最大值和最小值。接下来，我们使用迷你图分析销量变化趋势，具体操作如下。

第1步：执行插入迷你图命令	第2步：创建迷你图
打开"素材文件\第8章\销售数据统计图.xlsx"文件，选择单元格区域 B3:B14。❶单击"插入"选项卡；❷单击"迷你图"组中的"折线图"按钮。	在弹出的"创建迷你图"对话框中，"数据范围"文本框显示了选择的单元格区域"B3:B14"，单击"位置范围"文本框右侧的"折叠"按钮。

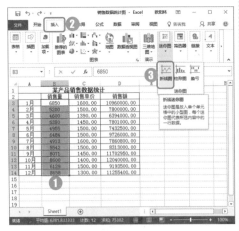

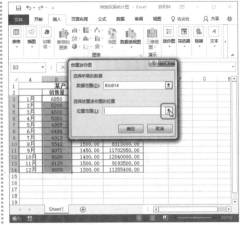

第3步：选择位置范围

❶在工作表中选择单元格 B15；❷单击"位置范围"文本框右侧的"折叠"按钮。

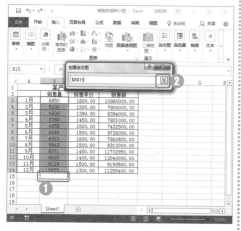

第4步：确认位置范围

返回"创建迷你图"对话框，单击"确定"按钮。

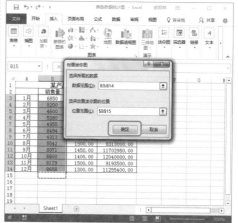

第5步：查看创建的迷你图

此时即可在选择的单元格 B15 中创建一个微型折线图。

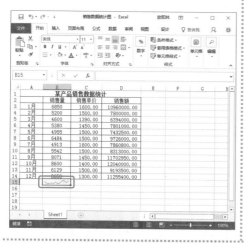

第6步：设置迷你图颜色

选择迷你图，切换至"迷你图工具–设计"选项卡。❶单击"样式"组中的"迷你图颜色"按钮；❷在弹出的拾色器中选择"红色"选项。

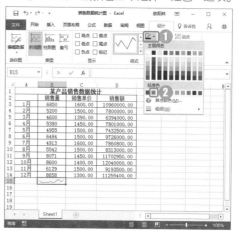

第7步：设置标记颜色

❶单击"样式"组中的"标记颜色"按钮；❷在弹出的下拉列表中选择"标记"→"绿色"选项。

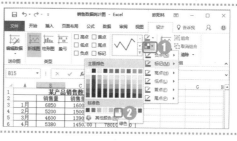

第 8 步：查看最终效果

到这里，迷你图就制作完成了。通过迷你图可以看出，产品销售量的总体变化趋势是递增的。

8.2.2 创建销量对比图

通常情况下，柱形图用来对比数据间的数量变化。接下来，我们通过插入柱形图制作销售量对比图，具体操作如下。

第 1 步：插入柱形图

❶选择单元格区域 A2:B14，❷单击"插入"选项卡下"图表"组中的"柱形图"按钮；❸在弹出的下拉列表中选择"簇状柱形图"选项。

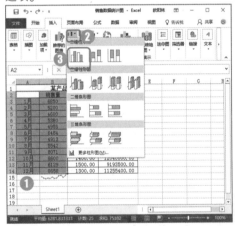

第 2 步：查看插入的柱形图

此时即可插入一个簇状柱形图。

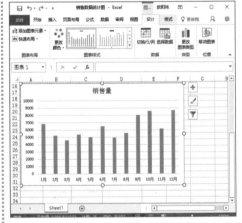

第 3 步：设置图表标题

将图表标题更改为"销售量对比图"。

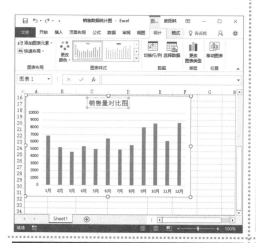

第 4 步：更改颜色

❶选择图表，切换至"图表工具–设计"选项卡；
❷在"图表样式"组中单击"更改颜色"按钮；
❸在弹出的下拉列表中选择"颜色 4"选项。

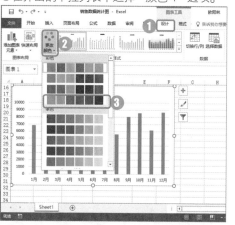

第 5 步：应用快速样式

在"图表样式"列表框中选择"样式 7"选项。

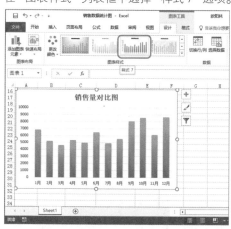

第 7 步：更改图表类型

在"类型"组中单击"更改图表类型"按钮。

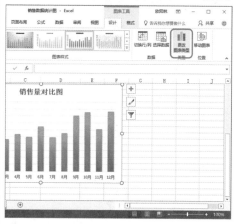

第 8 步：选择图表类型

此时将弹出"更改图表类型"对话框。选择一种合适的图表类型，如第二种簇状柱形图，然后按"Enter"键。

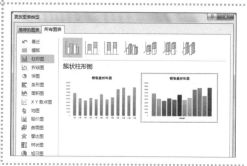

185

第9步：查看最终效果

到这里，销售量对比图就制作完成了。

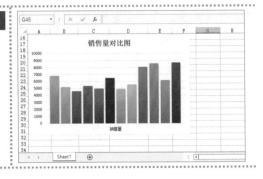

8.2.3 创建月销售额比例图

在日常工作中，经常用饼图来展示一组数据的比例。接下来，我们通过插入饼图创建月销售额比例图，统计并分析各月销售额占全年销售额的比重，具体操作步骤如下。

第1步：插入饼图

选择单元格区域 A2:A14 和 D2:D14，单击"插入"选项卡。❶在"图表"组中单击"饼图"按钮；❷在弹出的下拉列表中选择"饼图"选项。

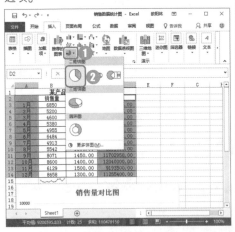

第2步：查看插入的饼图

此时即可根据选中的数据区域插入一个饼图。

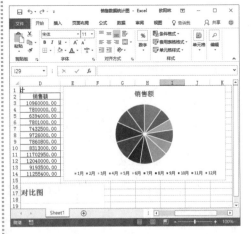

第3步：执行添加数据标签命令

在图表系列上单击鼠标右键，在弹出的快捷菜单中选择"添加数据标签"→"添加数据标签"命令。

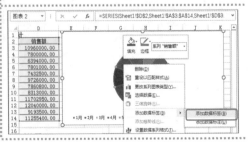

第 4 步：查看数据标签

此时，饼图中的各部分都添加了数据标签。

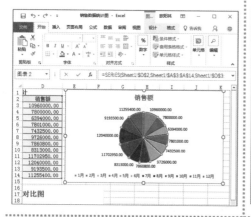

第 5 步：执行设置数据标签格式命令

在数据标签上单击鼠标右键，在弹出的快捷菜单中选择"设置数据标签格式"命令。

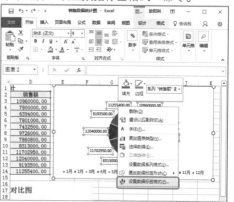

第 6 步：设置数据标签格式

在工作表的右侧将出现"设置数据标签格式"对话框，取消选中"值"复选框，选中"百分比"复选框。此时，各部分所占的百分比就显示在图表中了。

第 7 步：应用快速样式

在"图表样式"列表框中选择"样式 9"选项。

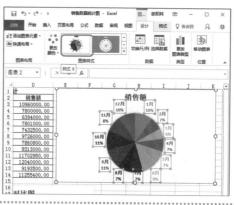

第 8 步：查看最终效果

将图表标题更改为"销售额对比图"。到这里，月销售额比例图就创建完成了。

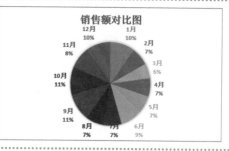

8.3 制作销售数据透视图表

Excel 2016 提供的数据透视表和数据透视图功能不仅能够直观地反映数据的对比关系，而且具有很强的数据筛选和汇总功能。接下来，我们使用 Excel 2016 的数据透视功能制作销售数据透视图表，以分析和统计销售数据。

"销售数据透视图表"制作完成后的效果如下图所示。

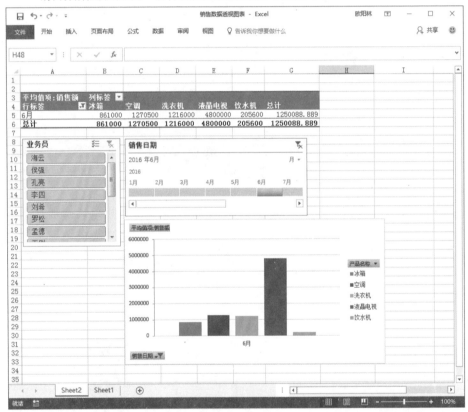

配套文件

原始文件：素材文件\第 8 章\销售数据透视图表.xlsx
结果文件：结果文件\第 8 章\销售数据透视图表.xlsx
视频文件：教学文件\第 8 章\制作销售数据透视图表.mp4

扫码看微课

8.3.1 按销售区域分析产品销售情况

本节根据销售数据创建数据透视图，并按照销售区域对销售数据进行统计和分析。

1. 创建数据透视图

创建数据透视图的具体操作如下。

第 1 步：执行插入数据透视图命令

打开"素材文件\第 8 章\销售数据透视图表.xlsx"文件，❶选择任一数据单元格。❷单击"插入"选项卡；❸单击"图表"组中的"数据透视图"按钮；❹在弹出的下拉列表中选择"数据透视图"选项。

第 2 步：创建数据透视图

在弹出的"创建数据透视图"对话框中直接单击"确定"按钮。

第 3 步：查看数据透视图框架

此时，系统会自动在新的工作表中创建一个数据透视表和数据透视图的基本框架，并打开"数据透视图字段"窗格。

第 4 步：设置字段

❶在"数据透视图字段"窗格中，将"销售区域"复选框拖曳到"轴（类别）"列表框中；❷将"销售数量"和"销售额"复选框拖曳到"值"列表框中。

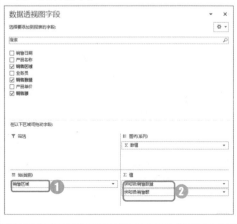

此时即可根据选中的字段生成数据透视表。

同时，可以根据选择的字段生成数据透视图。

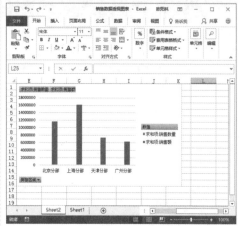

2. 设置双轴图表

如果图表中有两个数据系列，那么为了让图表更加清晰地展现数据，可以设置双轴图表，具体操作如下。

在图例中选择图表系列"求和项：销售数量"，并在其上单击鼠标右键，在弹出的快捷菜单中选择"更改系列图表类型"命令。

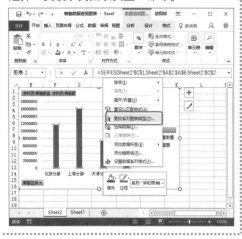

此时将弹出"更改图表类型"对话框。❶在"求和项：销售数量"下拉列表中选择"折线图"选项；❷单击"确定"按钮。

第 3 步：执行设置数据系列格式命令

选择折线并在其上单击鼠标右键，在弹出的快捷菜单中选择"设置数据系列格式"命令。

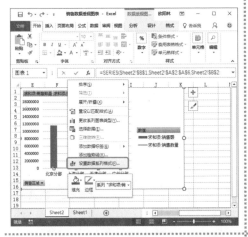

第 4 步：添加次坐标轴

在工作表的右侧将出现"设置数据系列格式"窗格，选中"次坐标轴"单选按钮，即可将次坐标轴添加到图表中。

第 5 步：设置填充线条

❶在"设置数据系列格式"窗格中单击"填充线条"选项卡；❷选中"平滑线"复选框。

第 6 步：查看设置效果

此时，折线图就变得非常平滑了。到这里，双轴图表就设置完成了。

第 7 步：执行设置坐标轴格式命令

在主坐标轴上单击鼠标右键，在弹出的快捷菜单中选择"设置坐标轴格式"命令。

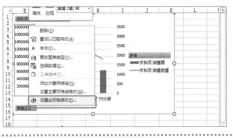

第8步：设置刻度线标记

系统自动打开"设置坐标轴格式"窗格。在"刻度线标记"组的"主要类型"下拉列表中选择"外部"选项。

第9步：设置填充线条

❶单击"填充线条"选项卡；❷在"线条"组中选中"实线"单选按钮。

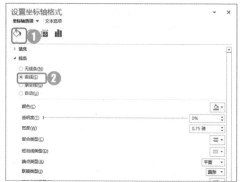

第10步：查看主坐标轴设置效果

主坐标轴设置完成。

第11步：设置次坐标轴

使用同样的方法设置次坐标轴。

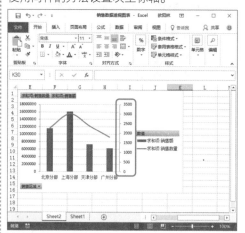

3．分析产品销售情况

接下来，我们在图表中筛选和分析不同销售区域的产品销售情况。此外，还可以使用筛选器功能筛选某个产品在不同销售区域的销售情况。

第1步：打开字段列表

❶切换至"数据透视图工具-分析"选项卡；❷在"显示/隐藏"组中单击"字段列表"按钮。

第 2 步：拖动字段

在打开的"数据透视图字段"窗格中，将"产品名称"字段选项拖曳到"筛选器"组合框中。

第 3 步：查看添加的筛选按钮

此时即可在图表的左上方生成一个筛选按钮。

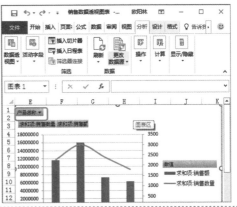

第 4 步：筛选销售区域

❶单击左下角的"销售区域"按钮；❷在弹出的列表中取消选中"北京分部"和"上海分部"复选框；❸单击"确定"按钮。

第 5 步：查看筛选结果

此时即可在图表中筛选出"天津分部"和"广州分部"两个销售区域所有产品的销售情况。

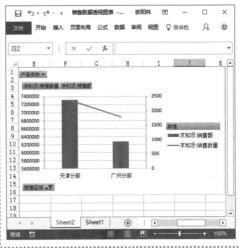

第 6 步：取消筛选

再次单击"销售区域"按钮。❶选中"全选"复选框；❷单击"确定"按钮即可取消筛选。

第 7 步：筛选产品

❶单击"产品名称"按钮，在弹出的列表中选中"选择多项"复选框；❷选中"冰箱"和"电脑"复选框；❸单击"确定"按钮。

第 8 步：查看筛选效果

在图表中即可查看到筛选出"冰箱"和"电脑"产品的效果。

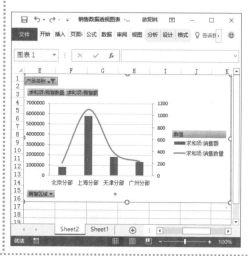

8.3.2 按月分析各产品平均销售额

在数据透视表图表中，Excel 2016 提供了"创建组"功能。对日期或时间创建组，可以根据年、季度、月、日、时、分、秒等步长来显示数据。

接下来，我们按月分析各产品的平均销售额，具体操作如下。

第 1 步：重新设置字段

打开"数据透视图字段"窗格，重新设置字段。❶将"销售日期"复选框拖曳到"轴（类别）"列表框中；❷将"产品名称"复选框拖曳到"图例（系列）"列表框中；❸将"销售额"复选框拖曳到"值"列表框中。

第 2 步：查看数据透视表

此时即可根据选择的字段生成数据透视表。

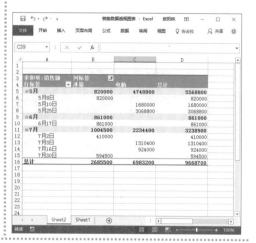

第 3 步：执行值字段设置命令

❶打开"数据透视表字段"窗格，单击"值"列表中的"求和项：销售额"选项；❷在弹出的列表中选择"值字段设置"选项。

第 4 步：设置值字段

此时将弹出"值字段设置"对话框。❶在"计算类型"列表中选择"平均值"选项；❷单击"确定"按钮。

第 5 步：查看数值变化

此时数据透视表中的数据就显示为平均值。

第 6 步：查看数据透视图

到这里，就生成了数据透视图，按月显示各种产品的平均销售额。

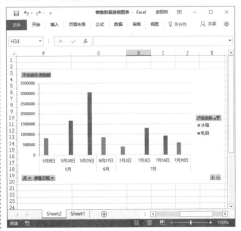

8.3.3 创建综合分析数据透视图

Excel 2016 还提供了"切片器"和"日程表"功能，可以更加直观、动态地展现数据。本节主要介绍如何使用"切片器"和"日程表"综合分析数据透视图。

1. 插入切片器

在数据透视表中插入切片器，按照业务员筛选销售数据并动态展示数据透视图，具体操作如下。

第1步：执行插入切片器命令	第2步：设置切片器
❶在数据透视表中选择任一单元格，❷切换至"数据透视表工具–分析"选项卡；❸在"筛选"组中单击"插入切片器"按钮。	此时将弹出"插入切片器"对话框。❶选中"业务员"复选框；❷单击"确定"按钮。

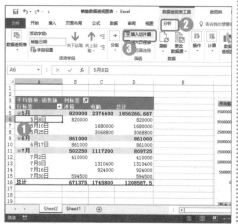

第3步：查看插入的切片器	第4步：选择筛选选项
此时即可创建一个名为"业务员"的切片器，其中显示了所有业务员的姓名。	❶在切片器中选择业务员"孔亮"；❷即可在数据透视表中筛选出与业务员"孔亮"有关的数据信息。

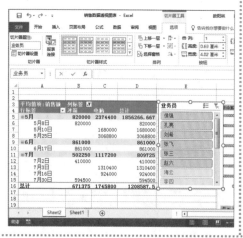

第 5 步：查看数据透视图的变化

此时，数据透视图中只显示与业务员"李四"有关的数据系列。

第 6 步：清除筛选

单击切片器中的"清楚筛选器"按钮，删除切片器的筛选结果。

2．插入日程表

在数据透视表中插入日程表，按照不同月份筛选销售数据，从而动态显示数据透视图，操作步骤如下。

第 1 步：插入日程表

在数据透视表中选择任一单元格，❶切换至"数据透视表工具–分析"选项卡，❷在"筛选"组中单击"插入日程表"按钮。

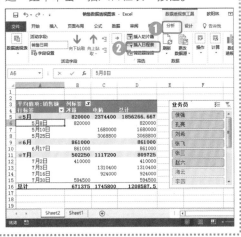

第 2 步：设置日程表

此时将弹出"插入日程表"对话框。❶选中"销售日期"复选框；❷单击"确定"按钮。

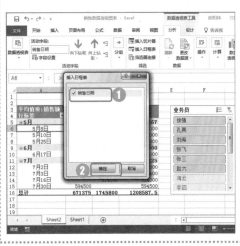

第3步：查看插入的日程表

此时即可在工作表中插入一个名为"销售日期"的日程表，拖动鼠标可查看各月的日程。

第4步：查看数据透视图的变化

拖动日程表时，数据透视图也会动态显示不同月份的数据绘制效果。

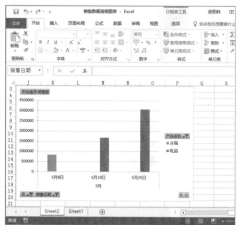

知识加油站

Excel 2010 及以上版本都带有"切片器"功能。在进行数据分析时，该功能能够非常直观地进行数据筛选，并将筛选数据展示出来。"切片器"其实是数据透视表和数据透视图的拓展，与后两者相比，"切片器"的操作更便捷，演示也更直观。

高手秘籍 实用操作技巧

通过对前面章节的学习，相信读者朋友已经掌握了 Excel 统计图表和透视图表的应用。下面结合本章内容，介绍一些实用技巧。

配套文件

原始文件：素材文件\第8章\实用技巧\
结果文件：结果文件\第8章\实用技巧\
视频文件：教学文件\第8章\高手秘籍\

Skill 01　使用推荐的图表

Excel 2016 提供了"推荐的图表"功能，可以帮助用户创建合适的 Excel图表，具体操作如下。

第 1 步：执行插入推荐的图表命令

选择要生成图表的数据单元格或单元格区域。❶单击"插入"选项卡；❷在"图表"组中单击"推荐的图表"按钮。

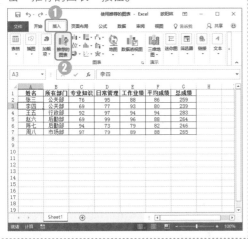

第 2 步：选择图表类型

此时将弹出"插入图表"对话框。该对话框中给出了多种推荐的图表，用户根据需要进行选择即可。

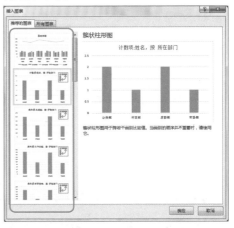

Skill 02　快速分析图表

　　"快速分析"是 Excel 2016 推出的一款新功能，可以帮助用户快速进行数据统计和分析工作，并将数据转换成各种图表。

　　对销售数据进行快速分析并创建统计图表，具体操作方法如下。

第 1 步：执行快速分析命令

选择要进行快速分析的数据区域,此时在数据区域的右下角会出现一个"快速分析"按钮，单击该按钮。

第 2 步：设置快速分析选项

❶在弹出的"快速分析"界面中单击"格式"选项卡；❷选择"数据条"选项。

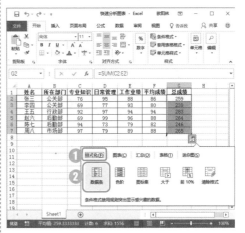

第 3 步：查看添加数据条后的效果

此时，选中的数据区域中就添加了数据条。

第 4 步：创建图表

❶ 在"快速分析"界面中单击"图表"选项卡；
❷ 选择一种合适的图表，如"簇状柱形图"。

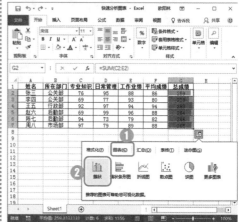

第 5 步：查看生成的图表

此时即可根据选中的数据区域生成一个簇状柱形图。

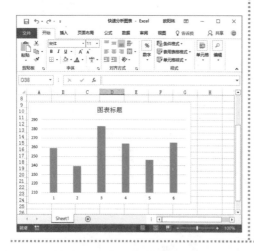

第 6 步：进行其他分析

除进行格式、图表分析外，还可以进行汇总、表、迷你图分析，此处不再赘述。

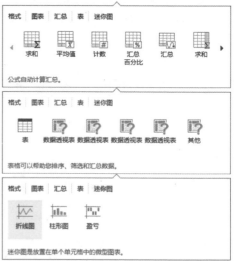

Skill 03　图表重复应用新招

图表制作完成后，要想重复使用自定义图表，可将其另存为图表模板（*.crtx）。Excel 2016 的"图表工具"功能区中默认不显示"另存为模板"命令，鼠标右键单击图表即可找到该命令。将图表另存为模板的具体操作如下。

第 1 步：执行另存为模板命令

选择自定义的图表，单击鼠标右键，在弹出的快捷菜单中选择"另存为模板"选项。

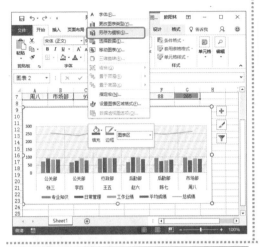

第 2 步：保存模板

在弹出的"保存图表模板"对话框中会自动显示保存名称和保存位置，此时单击"保存"按钮即可。

第 3 步：重复使用模板

❶创建图表时打开"插入图表"对话框，单击"所有图表"选项卡；❷选择"模板"选项，找到自定义的模板直接使用即可。

本章小结

本章结合实例讲述了 Excel 统计图表和透视图表的应用。本章的重点是让读者掌握图表的创建方法及数据透视表的应用。通过对本章的学习，读者可以熟练掌握图表的创建、美化技能，熟练使用图表进行数据统计和分析工作。

09

第 9 章

Excel 数据的模拟分析与运算

本章导读

　　Excel 2016 具有强大的数据统计和模拟分析功能，包括合并计算、单变量求解、模拟运算等。本章以计算办事处的日常费用和制作产品利润预测表为例，介绍 Excel 的数据统计和模拟分析功能在日常工作中的应用。

知识要点

- ➲ 使用工作组创建表格的方法
- ➲ 合并计算销售额的方法
- ➲ 取消工作组的技巧
- ➲ 单变量模拟运算表的应用
- ➲ 单/双变量模拟运算表的应用
- ➲ 引用行或列的单元格的设置方法

案例展示

实战应用 跟着案例学操作

9.1 合并计算驻外办事处的日常费用

合并计算功能通常用于对多个工作表中的数据进行计算汇总，并将多个工作表中的数据合并到一个工作表中。本节主要介绍如何使用"工作组"和"合并计算"功能汇总公司各驻外办事处的日常费用。

"费用统计表"合并计算后的效果如下图所示。

	A	B 1季度	C 2季度	D 3季度	E 4季度	F 合计
2	房租费	123580	83600	149400	125100	481680
3	差旅费	63600	89400	122320	142000	417320
4	招待费	85400	143740	112600	162600	504340
5	其他办公费	133600	147350	74480	97600	453030
6	合计	406180	464090	458800	527300	1856370

北京办事处　上海办事处　费用汇总

配套文件

原始文件：素材文件\第 9 章\费用统计表.xlsx
结果文件：结果文件\第 9 章\费用统计表.xlsx
视频文件：教学文件\第 9 章\合并计算驻外办事处
　　　　　的日常费用.mp4

扫码看微课

9.1.1 使用工作组创建表格

对日常费用进行合并计算之前，需要创建费用统计表。

Excel 2016 提供了"工作组"功能，使用这个功能，可以批量创建多个格式、内容相同的表格，具体操作步骤如下。

第1步：打开素材文件	第2步：组成工作组

打开"素材文件\第9章\费用统计表.xlsx"文件，"费用统计表"工作簿中包括"北京办事处"、"上海办事处"和"费用汇总"3个工作表。

按"Ctrl"键，同时选择3个工作表。此时，选定的3个工作表就组成了工作组，并在标题栏中显示"[工作组]"字样。

第3步：录入基本项目	第4步：执行对话框启动器命令

在工作组状态下，在任意一个工作表中输入基本项目，如季度、各种费用类型、合计等。

❶选择单元格区域 A1:F6。❷在"开始"选项卡的"对齐方式"组中单击"对话框启动器"按钮。

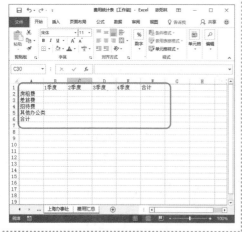

第 5 步：添加边框

❶在弹出的"设置单元格格式"对话框中切换到"边框"选项卡，在"样式"列表框中选择"细实线"选项；❷在"预置"组合框中单击"外边框"和"内部"按钮；❸单击"确定"按钮。

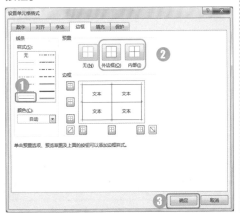

第 6 步：查看设置效果

此时，选择的单元格区域就添加了边框。

第 7 步：执行自动求和命令

❶选择单元格 F2。❷在"开始"选项卡的"编辑"组中单击"自动求和"按钮。

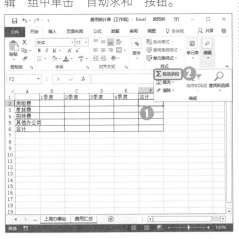

第 8 步：弹出求和公式

此时，单元格 F2 中会出现一个求和公式。

第 9 步：选择求和区域

选择单元格区域 B2:E2。

第 10 步：定位鼠标

按 "Enter" 键确认公式，然后将鼠标光标移动到单元格 F2 的右下角，此时鼠标指针变成十字形状。

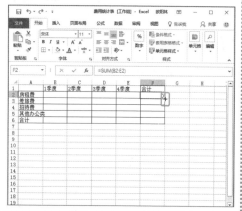

第 11 步：填充求和公式

双击鼠标左键，即可将求和公式填充到本列的其他单元格中。

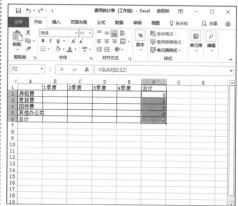

第 12 步：按季度求和

使用同样的方法，在单元格 B6 中设置求和公式，然后将其填充到本行的其他单元格中。

第 13 步：撤销工作表组合

单击其他工作表标签撤销工作表组合。在其他工作表中应用同样的内容和格式。

第 14 步：录入北京办事处的费用数据

切换到 "北京办事处" 工作表，在单元格区域 B2:E5 中输入数据，系统自动计算 "合计" 数据。

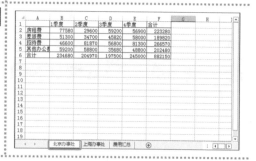

第 15 步：录入上海办事处的费用数据

切换到工作表"上海办事处"，在单元格区域 B2:E5 中输入数据，即可自动计算"合计"值。

知识加油站

工作组是同一个工作簿里的多个工作表的组合。一般来说，这些工作表的格式是相同的，在成组的工作表里，任意修改或编辑其中一个工作表的内容及格式，其余的工作表都会做同样的改变。

9.1.2 合并计算销售额

在费用汇总表中使用"合并计算"功能，汇总不同驻外办事处的日常费用，具体操作步骤如下。

第 1 步：执行合并计算命令

切换到"费用汇总"工作表，❶选择单元格 B2。❷在"数据"选项卡的"数据工具"组中单击"合并计算"按钮。

第 2 步：单击"展开"按钮

此时将弹出"合并计算"对话框。❶在"函数"下拉列表中选择"求和"选项；❷单击"引用位置"文本框右侧的"展开"按钮。

第 3 步：设置引用位置

此时将弹出"合并计算-引用位置："对话框。❶在工作表"北京办事处"中选择单元格区域 B2:F6；❷单击"合并计算-引用位置："对话框中文本框右侧的"折叠"按钮。

第4步：添加引用位置

返回"合并计算"对话框。❶单击"添加"按钮；❷单击"引用位置"文本框右侧的"展开"按钮 ⬆ 。

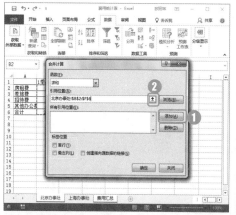

第5步：再次设置引用位置

切换到工作表"上海小事处"，打开"合并计算-引用位置："对话框。❶在工作表"上海办事处"中选择单元格区域 B2:F6；❷单击"合并计算-引用位置"对话框中文本框右侧的"折叠"按钮 🔲 。

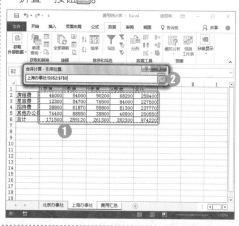

第6步：添加引用位置

返回"合并计算"对话框。❶单击"添加"按钮；❷单击"确定"按钮。

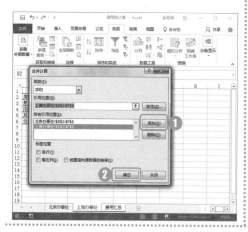

第7步：查看合并计算结果

此时，"费用汇总"工作表中的单元格区域 B2:E5 就对工作表"北京办事处"和"上海办事处"中同一位置的数据进行了合并计算。

9.2 制作产品利润预测表

模拟运算表是一种只需一步操作就能计算出所有变化的模拟分析工具，它可以显示一个或多个公式中替换不同值时的结果。

模拟运算表主要包括单变量模拟运算表和双变量模拟运算表。本节主要介绍如何使用模拟运算功能，根据一个或两个变量预测产品利润。

"产品利润预测表"制作完成后的效果如下图所示。

配套文件

原始文件：素材文件\第 9 章\产品利润预测表.xlsx
结果文件：结果文件\第 9 章\产品利润预测表.xlsx
视频文件：教学文件\第 9 章\制作产品利润预测表.mp4

扫码看微课

9.2.1 根据单价预测产品利润

使用单变量模拟运算表时，可以在工作表中输入一个变量的多个不同值，分析这些值对一个或多个公式计算结果的影响。在对数据进行分析时，既可使用面向列的模拟运算表，也可使用面向行的模拟运算表。根据单价的变动预测产品利润的变化，具体操作步骤如下。

第 1 步：打开素材文件

打开"素材文件\第 9 章\产品利润预测表.xlsx"文件。

第 2 步：录入公式

选择单元格 E3，在其中输入公式 "=B5*B2-(B3+B4*B5)"，按 "Enter" 键，即可计算出单位售价为 200 元的产品的利润。

第 3 步：执行模拟运算表命令

选择单元格区域 D3:E8。❶单击"数据"选项卡；❷在"预测"组中单击"模拟分析"按钮；❸在弹出的下拉列表中选择"模拟运算表"选项。

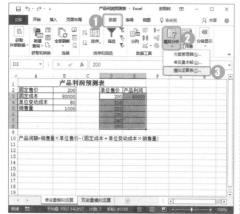

第 4 步：单击"展开"按钮

在弹出的"模拟运算表"对话框中，单击"输入引用列的单元格"文本框右侧的"展开"按钮⬆️。

第 5 步：设置引用列的单元格

此时将弹出"模拟运算表-输入引用列的单元格："对话框。❶在工作表中选择要引用的单元格 B2；❷单击文本框右侧的"折叠"按钮🗔。

第 6 步：确认设置

返回"模拟运算表"对话框，此时即可看到引用列的单元格 B2，单击"确定"按钮。

第 7 步：查看模拟运算结果

此时即可根据不同的单位售价预测不同的产品利润。

9.2.2 根据单价和销量预测产品利润

双变量模拟运算表是指当以不同的值替换公式中的两个变量时生成的用于显示其结果的数据表格。根据单价和销量的变化预测产品利润的变化，具体操作步骤如下。

第1步：打开素材文件

切换到"双变量模拟运算"工作表，可以看到产品的固定售价、固定成本、单位变动成本、销售量等信息。

第2步：录入公式

选择单元格 B5，在其中输入公式 "=B4*B1-(B2+B3*B4)"，按"Enter"键确认输入，即可计算出固定售价为 200 元、销量为 1000 件时的产品利润。

第3步：再次输入公式

选择单元格 B11，在其中输入公式 "=B4*B1-(B2+B3*B4)"，按"Ctrl+Enter"组合键。

第4步：执行模拟运算表命令

选择单元格区域 B11:G16。❶单击"数据"选项卡；❷在"数据工具"组中单击"模拟分析"按钮；❸在弹出的下拉列表中选择"模拟运算表"选项。

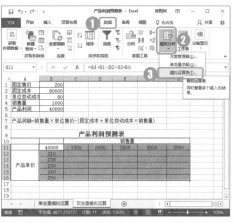

211

第 5 步：单击"展开"按钮

在弹出的"模拟运算表"对话框中单击"输入引用行的单元格："文本框右侧的"展开"按钮⬆。

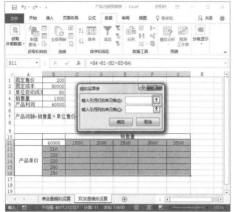

第 6 步：设置引用行的单元格

此时将弹出"模拟运算表-输入引用行的单元格："对话框。❶选择单元格 B4；❷单击文本框右侧的"折叠"按钮⬚。

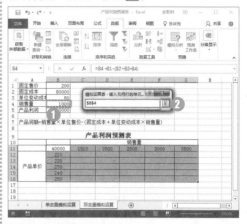

第 7 步：再次单击"展开"按钮

返回"模拟运算表"对话框，单击"输入引用列的单元格："文本框右侧的"展开"按钮⬆。

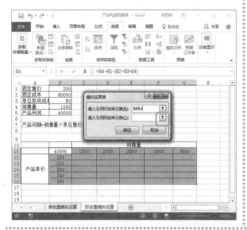

第 8 步：设置引用列的单元格

此时将弹出"模拟运算表-输入引用列的单元格："对话框。❶选择单元格 B1；❷单击文本框右侧的"折叠"按钮⬚。

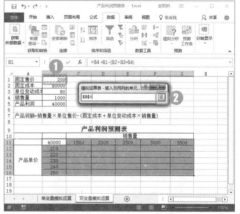

第 9 步：确认引用的单元格

返回"模拟运算表"对话框，单击"确定"按钮。

第 9 步：查看运算结果

此时即可根据不同的单价和销量预测产品利润。

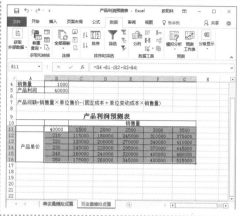

 高手秘籍　**实用操作技巧**

　　通过前面的学习，相信读者朋友已经掌握了 Excel 的模拟分析与运算功能。下面结合本章内容，介绍一些实用技巧。

配套文件

原始文件：素材文件\第 9 章\实用技巧\
结果文件：结果文件\第 9 章\实用技巧\
视频文件：教学文件\第 9 章\高手秘籍\

Skill 01　清除模拟运算结果

　　清除模拟运算表中的某个计算结果时，系统会提示用户不能更改模拟运算表中的某一部分。此时，如果想清除这个计算结果，必须将模拟运算表中的所有结果同时清除，具体操作步骤如下。

第 1 步：弹出提示对话框

清除某个计算结果时，会弹出"Microsoft Excel"对话框，提示用户"无法只更改模拟运算表的一部分"。

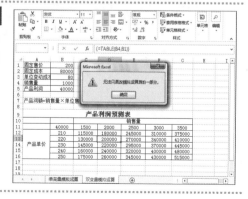

第 2 步：清除全部计算结果

选择模拟运算表中计算结果所在的区域。在选中的数据区域单击鼠标右键，在弹出的快捷菜单中选择"清除内容"选项。

Skill 02　使用方案分析销售数据

　　方案是一组由 Excel 保存在工作表中的并可以进行自动替换的值。可以使用方案管理器分析销售数据、预测销售毛利，具体操作步骤如下。

第 1 步：执行定义名称命令

选择单元格 B1。❶单击"公式"选项卡；❷在"定义的名称"组中单击"定义名称"按钮。

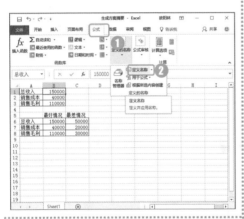

第 2 步：设置快速分析选项

此时将弹出"新建名称"对话框。❶将"名称"定义为"总收入"，将"引用位置"设置为"=Sheet1!$B$1"；❷单击"确定"按钮。

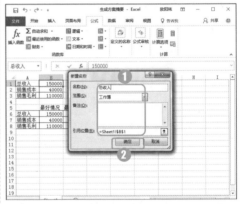

第 3 步：定义其他名称

使用同样的方法，将单元格 B2 定义为"销售成本"，将单元格 B3 定义为"销售毛利"。

第 4 步：执行方案管理器命令

❶单击"数据"选项卡；❷在"数据工具"组中单击"模拟分析"按钮；❸在弹出的下拉列表中选择"方案管理器"选项。

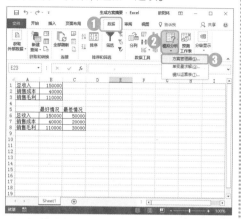

第 5 步：执行添加方案命令

在弹出的"方案管理器"对话框中单击"添加"按钮。

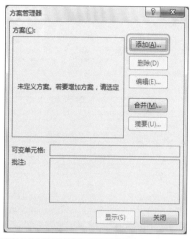

第 6 步：设置最好情况方案

此时将弹出"添加方案"对话框。❶将"方案名"设置为"最好情况"，将"可变单元格"设置为"$B$1:$B$2"；❷单击"确定"按钮。

第 7 步：编辑最好情况方案的变量值

此时将弹出"方案变量值"对话框。❶将"总收入"的值设置为"150000"，将"销售成本"的值设置为"40000"；❷单击"确定"按钮。

第 8 步：添加最坏情况方案

此时将弹出"添加方案"对话框。在"方案名"文本框中输入方案名称"最坏情况"，在"可变单元格"文本框中输入变量单元格区域，如"B1:B2"；按"Enter"键。

第 9 步：编辑最坏情况方案的变量值

此时将弹出"方案变量值"对话框。❶将"总收入"的值设置为"50000"，将"销售成本"的值设置为"20000"；❷单击"确定"按钮。

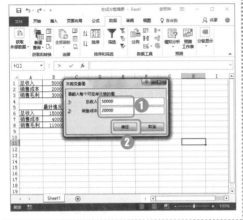

第 10 步：显示方案

返回"方案管理器"对话框，两种方案就创建完成了。查看方案内容的方式为：❶选择方案；❷单击"显示"按钮。

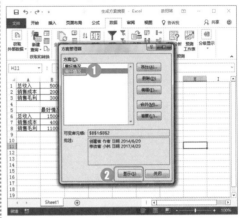

Skill 03　生成方案摘要

　　如果觉得查看方案时一个一个地切换不方便，还可以创建方案摘要。通过创建方案摘要生成方案总结报告，可以显示各个方案的详细数据和结果。生成方案摘要的具体操作步骤如下。

第 1 步：执行另存为模板命令

打开"方案管理器"对话框，单击"摘要"按钮。

第 2 步：保存模板

此时将弹出"方案摘要"对话框。❶将"结果单元格"设置为"B3"；❷单击"确定"按钮。

第 3 步: 查看生成的方案摘要

此时即可生成一个名为 "方案摘要" 的工作表,
并计算出各种方案下的销售毛利。

本章小结

　　本章结合实例讲述了 Excel 的模拟分析与运算功能在日常工作中的应用。本章的重点是让读者掌握合并计算的方法和模拟运算表的使用方法。通过本章的学习,读者可以熟练掌握单变量和双变量模拟运算,并能够通过方案管理器分析和预测数据。

217

第 10 章

Excel 数据的共享与高级应用

本章导读

　　Excel 2016 具有数据共享和 VBA 代码编辑功能，包括共享和保护工作簿、宏的简单应用、登录窗口的设置等。本章以共享客户信息表工作簿和制作销售订单管理系统为例，介绍 Excel 2016 的数据共享与高级应用。

知识要点

- ⊃ 共享工作簿
- ⊃ 合并工作簿
- ⊃ 保护工作簿
- ⊃ 启用和录制宏
- ⊃ 查看和执行宏
- ⊃ 登录窗口的设置方法

案例展示

实战应用　跟着案例学操作

10.1　共享客户信息表工作簿

　　作为一名公司员工，常常需要将工作簿发到网络服务器上进行共享，以便其他同事能够使用和编辑。设置共享工作簿可以加快数据的录入效率，而且在工作过程中还可以随时查看各用户所做的改动。本节主要介绍如何共享客户信息表工作簿，从而实现多人协作办公。

　　"客户信息表"共享后的效果如下图所示。

扫码看微课

10.1.1　设置共享工作簿

　　要想共享工作簿、实现协作办公，首先要保证用户的电脑能在局域网内正常联网，然后在用户的电脑中创建共享文件夹，最后设置共享工作簿，并将其放置到共享文件夹中。

　　更改个人信任设置和设置共享工作簿的具体操作步骤如下。

第 1 步：切换至"文件"选项卡

打开"素材文件\第 10 章\客户信息表.xlsx"文件，单击"文件"选项卡。

第 2 步：单击选项命令

在"Backstage"界面中选择"选项"选项。

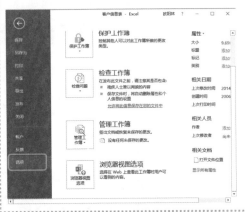

第 3 步：执行信任中心命令

❶在弹出的"Excel 选项"对话框中选择"信任中心"选项；❷单击"信任中心设置"按钮。

第 4 步：设置个人信息选项

❶在弹出的"信任中心"对话框中单击"隐私选项"；❷在"文档特定设置"组中取消选中"保存时从文件属性中删除个人信息"复选框；❸依次单击"确定"按钮。

第 5 步：执行共享工作簿命令

❶单击"审阅"选项卡；❷在"更改"组中单击"共享工作簿"按钮。

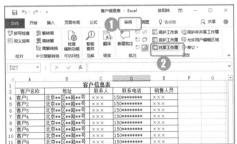

第 6 步：设置编辑选项

❶在弹出的"共享工作簿"对话框中单击"编辑"选项卡；❷选中"允许多用户同时编辑，同时允许工作簿合并"复选框；❸单击"确定"按钮。

第 7 步：设置高级选项

❶单击"高级"选项卡，可以设置修订、更新、用户间的修订冲突等方面的参数；❷修改完毕，单击"确定"按钮。

第 8 步：查看共享工作簿

在弹出的提示对话框中单击"确定"按钮保存文档并继续共享。此时，工作簿"客户信息表"的标题栏上就会出现"[共享]"字样。

10.1.2　合并工作簿备份

当用户需要获得各自更改的共享工作簿的若干备份时，可以将这些共享工作簿的备份合并到一个共享工作簿中。

合并工作簿备份的具体操作步骤如下。

第 1 步：执行新建组命令

打开"Excel 选项"对话框，❶选择"自定义功能区"选项；❷展开"审阅"主选项卡，❸单击"新建组"按钮创建组。

第 2 步：执行重命名命令

选择新建的组并在其上单击鼠标右键，在弹出的快捷菜单中选择"重命名"命令。

第 3 步：重命名组

此时将弹出"重命名"对话框。❶在"显示名称"文本框中输入文字"合并与比较"；❷单击"确定"按钮。

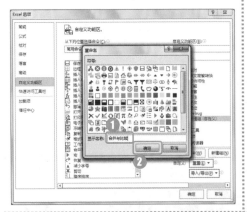

第 4 步：添加比较和合并工作簿命令

返回"Excel 选项"对话框。❶在"从下列位置选择命令"下拉列表中选择"所有命令"选项；❷选择"比较和合并工作簿"选项；❸单击"添加"按钮，将该命令添加到选中的组中；❹单击"确定"按钮。

第 5 步：执行比较和合并工作簿命令

❶单击"审阅"选项卡；❷在"合并与比较"组中单击"比较和合并工作簿"按钮。

第 6 步：选择文件

❶在弹出的"将选定文件合并到当前工作簿"对话框中选择要合并的所有工作簿；❷单击"确定"按钮。

第 7 步：查看合并效果

此时即可将选定的工作簿备份中的所有格式、内容等全部合并到当前的共享工作簿中。

10.1.3 保护共享工作簿

对工作簿进行共享设置后，可以使用跟踪修订功能在每次保存工作簿时记录工作簿修订的详细信息，从而达到保护共享工作簿的目的。对共享工作簿进行追踪修订，包括修订者的名字、修订的时间、修订的位置、被删除或替换的数据及共享冲突的解决方式等。

保护共享工作簿的具体操作步骤如下。

第 1 步：执行保护共享工作簿命令

❶单击"审阅"选项卡；❷在"更改"组中单击"保护共享工作簿"按钮。

第 2 步：设置保护选项

❶在弹出的"保护共享工作簿"对话框中选中"以跟踪修订方式共享"复选框；❷单击"确定"按钮。

第3步：执行突出显示修订命令

❶单击"审阅"选项卡；❷在"更改"组中单击"修订"按钮；❸在弹出的下拉列表中选择"突出显示修订..."选项。

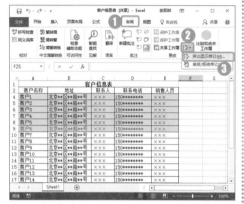

第4步：设置突出修订选项

在弹出的"突出显示修订"对话框中直接单击"确定"按钮。

第5步：查看修订记录

此时会在单元格的左上角出现一个三角形标记。❶将鼠标光标移动到单元格上；❷在弹出的批注框中即可查看修订的详细信息。

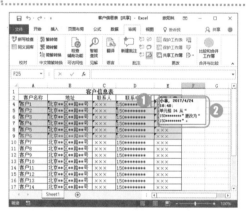

知识加油站

使用修订跟踪功能可以跟踪、维护和显示对共享工作簿所做修订的有关信息。跟踪修订形成的历史记录可以帮助用户对工作簿中的数据所做的任何修订进行记录，用户可以接受或拒绝这些修订。

10.2 制作销售订单管理系统

销售订单管理是销售管理中的重要环节。使用 Excel 的公式与函数功能及 Visual Basic 编辑器，可以制作销售订单管理系统，统一管理客户、商品及订单信息。

"销售订单管理系统"制作完成后的效果如下图所示。

 配套文件

原始文件：素材文件\第 10 章\销售订单管理系统.xlsx
结果文件：结果文件\第 10 章\销售订单管理系统.xlsm
视频文件：教学文件\第 10 章\制作销售订单管理系统.mp4

扫码看微课

10.2.1 启用和录制宏

在使用宏和 VBA 程序代码时，必须先将工作簿另存为启用宏的工作簿，否则将无法运行宏和 VBA 程序代码。用户可以通过单击"启用内容"按钮或进行宏设置来启用和录制宏，具体操作步骤如下。

1. 另存为启用宏的工作簿

将工作簿另存为启用宏的工作簿的操作步骤如下。

第 1 步：切换至"文件"选项卡	第 2 步：执行另存为命令
打开"素材文件\第 10 章\销售订单管理系统.xlsx"文件，单击"文件"选项卡。	进入 Backstage 界面，❶单击"另存为"选项卡；❷双击"这台电脑"图标按钮。

225

第3步：设置保存选项

此时将弹出"另存为"对话框。❶选择合适的保存位置；❷在"保存类型"下拉列表中选择"Excel启用宏的工作簿"选项；❸单击"保存"按钮。

第4步：查看保存结果

此时，原有的工作簿就保存为启用宏的工作簿"销售订单管理系统"了。

2. 录制宏

录制宏是创建宏的最简单、最常用的方法，操作步骤如下。

第1步：执行录制宏命令

❶添加并单击"开发工具"选项卡；❷在"代码"组中单击"录制宏"按钮。

第2步：设置宏选项

此时将弹出"录制宏"对话框。❶在"宏名"文本框中显示宏名"宏1"；❷将快捷键设置为"Ctrl+Shift+H"；❸单击"确定"按钮。

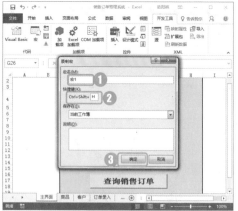

第 3 步：执行自动求和命令

❶在"订单录入"工作表中选择单元格 J60。
❷单击"开始"选项卡；❸在"编辑"组中单击"自动求和"按钮。

第 4 步：弹出求和公式

此时，在单元格 J60 中会显示求和公式"=SUM(J2:J59)"。

第 5 步：确认公式

按"Ctrl+Enter"组合键即可将"运费"的合计值计算出来。

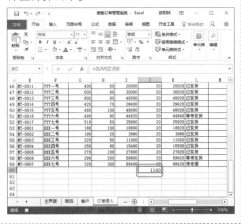

第 6 步：确认设置

"宏 1"录制完成。❶单击"开发工具"选项卡；❷在"代码"组中单击"停止录制"按钮。

第 7 步：保存宏

录制完毕，单击"快速访问工具栏"中的"保存"按钮即可。

3. 宏的安全设置

宏的安全设置是相对于 Excel 软件的设置，而不是针对 Excel 文件的设置，具体操作步骤如下。

第 1 步：执行宏的安全设置

❶单击"开发工具"选项卡；❷在"代码"组中单击"宏安全性"按钮。

第 2 步：设置宏的安全选项

❶在弹出的"信任中心"对话框中单击"宏设置"选项卡；❷在右侧的"宏设置"组中选中"启用所有宏"单选按钮；❸单击"确定"按钮。

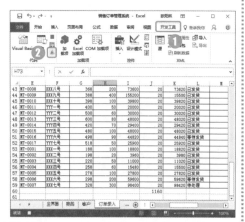

10.2.2 查看和执行宏

录制宏后，用户可以检查录制的内容，甚至可以对其进行修改。检查完毕，就可以执行宏并进行新的操作了。

查看和执行宏的具体操作步骤如下。

第 1 步：执行宏命令

❶单击"开发工具"选项卡；❷在"代码"组中单击"宏"按钮。

第 2 步：单击编辑按钮

❶在弹出的"宏"对话框中选中"宏 1"；❷单击"编辑"按钮。

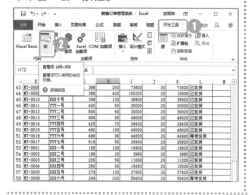

第 3 步：弹出代码窗口

此时将弹出代码窗口，并显示"宏 1"的代码。查看完毕，单击"关闭"按钮。

第 4 步：单击执行按钮

❶选择单元格 K60，打开"宏"对话框。❷选择"宏 1"；❸单击"执行"按钮。

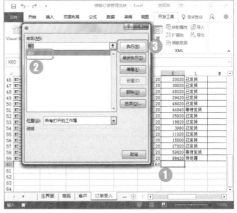

第 6 步：查看宏的执行结果

此时即可执行"宏 1"，计算"实收金额"的值。

知识加油站

此外，按已经设置好的快捷键"Ctrl+Shift+ H"，同样可以执行"宏 1"的程序代码。

10.2.3 设置订单管理登录窗口

为了防止他人查看或者更改系统信息，可以设置用户登录窗口，用户只有输入正确的用户名和密码之后才可以进入该系统。

为销售订单管理系统设置登录窗口的具体操作步骤如下。

第 1 步：执行 Visual Basic 命令

切换到"主界面"工作表中，❶单击"开发工具"选项卡；❷在"代码"组中单击"Visual Basic"按钮。

第2步：设置登录代码

此时将弹出代码窗口。❶在右侧的"工程 - VBA Project"窗格中双击"This Workbook"选项；❷输入右侧列出的代码；❸单击"保存"按钮。

```
Private Sub Workbook_Open()
Dim m As String
Dim n As String
Do Until m = "小王"
    m = InputBox("欢迎进入销售订单管理系统，请输入您的用户名", "登录", "")
  If m = "小王" Then
    Do Until n = "123"
        n = InputBox("请输入您的密码", "密码", "")
      If n = "123" Then
        Sheets("主界面").Select
      Else
        MsgBox "密码错误！请重新输入！", vbOKOnly, "登录错误"
      End If
    Loop
  Else
    MsgBox "用户名错误！请重新输入！", vbOKOnly, "登录错误"
  End If
Loop
End Sub
```

第3步：关闭代码窗口

单击右上角的"关闭"按钮关闭代码窗口。

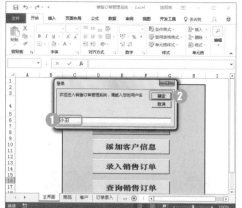

第4步：输入用户名

重新打开启用了宏的工作簿。❶在弹出的"登录"对话框中输入用户名"小王"；❷单击"确定"按钮。

第 5 步：输入密码

❶在弹出的"密码"对话框中输入密码"123"；
❷单击"确定"按钮。

第 6 步：进入主界面工作表

打开工作簿，进入"主界面"工作表。

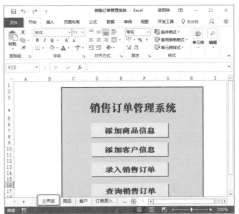

高手秘籍　实用操作技巧

通过前面的学习，相信读者朋友已经掌握了 Excel 数据的共享与高级应用。下面结合本章内容，介绍一些实用技巧。

配套文件

原始文件：素材文件\第 10 章\实用技巧\
结果文件：结果文件\第 10 章\实用技巧\
视频文件：同步教学文件\第 10 章\高手秘籍\

Skill 01　启用"开发工具"选项卡

在使用控件和 Visual Basic 代码之前，必须在 Excel 文件中启用"开发工具"选项卡，具体操作步骤如下。

第 1 步：切换至"文件"选项卡

单击"文件"选项卡进入 Backstage 界面，选择"选项"选项。

第2步：选中"开发工具"复选框

❶在弹出的"Excel选项"对话框中单击"自定义功能区"选项卡；❷在"主选项卡"列表框中选中"开发工具"复选框；❸单击"确定"按钮。

Skill 02 使用控件按钮切换工作表

如果一个工作簿中的工作表过多，切换起来会比较麻烦。可以通过控件按钮实现一键切换，具体操作方法如下。

第1步：插入命令按钮

❶在工作表"Sheet1"中单击"开发工具"选项卡；❷单击"控件"组中的"插入"按钮；❸在弹出的下拉列表中选择"命令按钮（ActiveX控件）"选项。

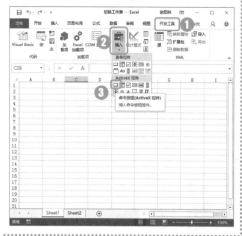

第2步：执行属性命令

进入设计模式，拖动鼠标绘制一个命令框。❶选中该命令框；❷单击"控件"组中的"属性"按钮。

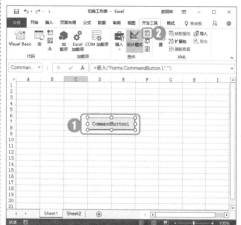

第 3 步：设置属性

❶在弹出的"属性"对话框中将"Caption"
属性右侧的按钮名称改为"进入 Sheet2"；
❷单击"关闭"按钮。

第 4 步：执行查看代码命令

此时即可在工作表"Sheet1"中创建一个名
为"进入 Sheet2"的命令按钮。❶选中该命
令按钮；❷单击"控件"组中的"查看代码"
按钮。

第 5 步：编辑代码

❶在弹出的代码窗口中输入如下代码；❷单击
"关闭"按钮。

```
Private Sub CommandButton1_Click()
Sheets("Sheet2").Select
End Sub
```

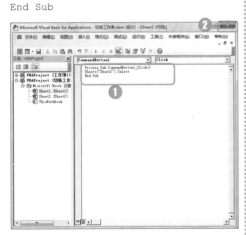

第 6 步：插入"返回 Sheet1"按钮

使用同样的方法，在工作表"Sheet2"中插入
一个名为"返回 Sheet1"的按钮。

第 7 步：编辑代码

❶进入代码窗口，输入如下代码；❷单击"关闭"按钮。

```
Private Sub CommandButton1_Click()
Sheets("Sheet1").Select
End Sub
```

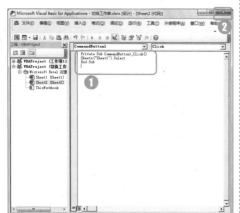

第 8 步：退出设计模式

❶单击"开发工具"选项卡；❷单击"控件"组中的"设计模式"按钮，退出设计模式。此时单击工作表中的按钮即可实现工作表之间的切换。

Skill 03　使用 MymsgBox 代码显示信息框

　　在启用了宏的工作簿中，如果需要向用户显示简单的提示信息，可以使用 MymsgBox 函数编写宏代码，执行宏代码即可显示信息框。

　　使用 MymsgBox 代码显示信息框的具体操作步骤如下。

第 1 步：编辑代码

打开代码窗口，输入如下代码。

```
Sub mymsgbox()
 MsgBox "欢迎使用销售订单管理系统！"
End Sub
```

第 2 步：执行宏

❶打开"宏"对话框，选择宏"This Workbook. mymsgbox"；❷单击"执行"按钮。

第 3 步：查看提示信息框

此时即可弹出一个提示信息框，显示"欢迎使用销售订单管理系统"。

本章小结

　　本章结合实例讲述了 Excel 数据的共享与高级应用知识。本章的重点是让读者掌握合并及共享工作簿，实现多人协作办公的方法。通过本章的学习，读者能够熟练掌握共享工作簿、合并工作簿、保护工作簿的操作技能，以及宏与 VBA 的简单应用。

第 11 章

PowerPoint 幻灯片的编辑与设计

本章导读

PowerPoint 2016 是微软公司开发的演示文稿程序，主要用于教育培训、产品发布、广告宣传、商业演示及远程会议等。本章以制作培训课件和企业宣传演示文稿为例，介绍演示文稿和幻灯片的基本操作。

知识要点

- ➲ 演示文稿的基本操作
- ➲ 幻灯片的基本操作
- ➲ 使用模板创建演示文稿的方法
- ➲ 大纲视图的应用
- ➲ 文本的编辑方法
- ➲ 图片的编辑方法

案例展示

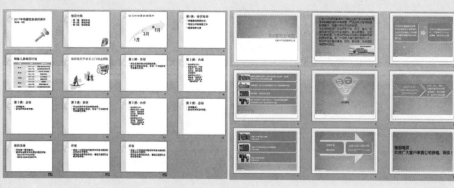

01
02
03
04
05
06
07
08
09
10
11
12

实战应用 跟着案例学操作

11.1 制作培训课件

PowerPoint 是目前课堂教学和商业培训中应用最多和最广的课件制作软件。与其他软件相比，PowerPoint 具有简单易学、支持视频和声音、交互性强的特点，是一款集文本、表格、图像、声音等多媒体信息于一身的多功能软件。本节主要介绍如何使用 PowerPoint 2016 制作培训类课件。

"培训课件"制作完成后的效果如下图所示。

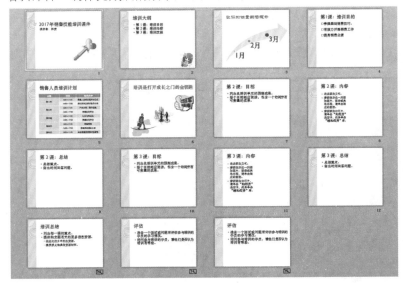

配套文件

原始文件：素材文件\第 11 章\培训课件.pptx
结果文件：结果文件\第 11 章\培训课件.pptx
视频文件：教学文件\第 11 章\制作培训课件.mp4

扫码看微课

11.1.1 创建培训课件演示文稿

演示文稿的基本操作主要包括创建演示文稿、保存演示文稿、关闭演示文稿等。接下来以创建培训课件演示文稿为例，介绍演示文稿的基本操作。

1. 创建演示文稿

创建演示文稿的具体操作步骤如下。

第1步：双击桌面图标

在桌面上双击"PowerPoint 2016"图标，如下图所示。

第2步：进入 PowerPoint 创建界面

进入 PowerPoint 创建界面。

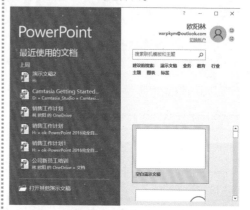

第3步：搜索模板

❶输入关键字"培训"；❷单击"开始搜索"按钮。

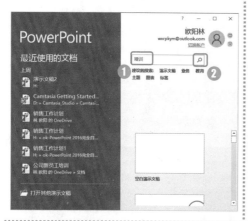

第4步：选择模板

进入"新建"界面，可以看到关于"培训"的所有 PowerPoint 模板。选择"培训演示文稿：通用"模板。

第5步：执行创建命令

在弹出的预览窗口中即可看到"培训演示文稿：通用"模板的预览效果。单击"创建"按钮。

第 6 步：查看创建的演示文稿

此时即可根据选中的模板创建一个名为"演示文稿 1"的文件。

2. 保存演示文稿

保存新建演示文稿的具体操作步骤如下。

第 1 步：单击保存按钮

单击"保存"按钮。

第 2 步：另存文件

进入"另存为"界面。双击"这台电脑"选项。

第 3 步：设置保存选项

❶在弹出的"另存为"对话框中选择合适的保存位置；❷将"文件名"设置为"培训课件"；❸单击"保存"按钮。

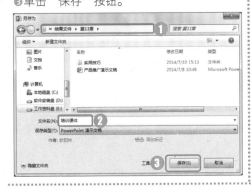

第 4 步：查看保存后的演示文稿

此时，之前的演示文稿就保存为"培训课件"文件了。

3. 关闭演示文稿

关闭演示文稿的操作比较简单，直接单击窗口右上角的"关闭"按钮即可。

11.1.2 幻灯片的基本操作

幻灯片的基本操作主要包括新建和删除幻灯片、编辑幻灯片、移动和复制幻灯片、隐藏幻灯片、浏览幻灯片等。

1. 新建和删除幻灯片

新建和删除幻灯片的具体操作步骤如下。

第 1 步：执行新建幻灯片命令	第 2 步：查看创建的幻灯片
在左侧幻灯片窗格中选中插入位置之前的幻灯片。❶单击"开始"选项卡；❷在"幻灯片"组中单击"新建幻灯片"按钮；❸在弹出的下拉列表中选择"标题和内容"选项。	此时即可在选择幻灯片的下方插入一张空白幻灯片，并自动应用选中的幻灯片样式。

第 3 步：执行删除幻灯片命令

选择要删除的幻灯片并在其上单击鼠标右键，在弹出的快捷菜单中选择"删除幻灯片"命令。

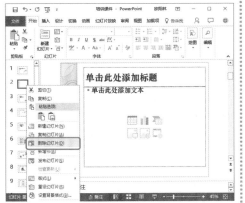

第 4 步：查看删除效果

此时，选择的幻灯片将被删除。

2. 编辑幻灯片

通常情况下，每张幻灯片都是由文本框、图片、表格等元素组成的。接下来以编辑标题幻灯片为例介绍幻灯片的编辑操作，具体操作步骤如下。

第 1 步：编辑标题文本框

选择标题文本框，输入演示文稿标题"2017年销售技能培训课件"。

第 2 步：编辑演示者文本框

选择"演示者"文本框，输入演示者的姓名"林质"。

3. 移动和复制幻灯片

移动和复制幻灯片的具体操作步骤如下。

第1步：移动幻灯片

选择要移动的第 3 张幻灯片，按住鼠标左键不放，将其拖动到第 2 张幻灯片的位置。

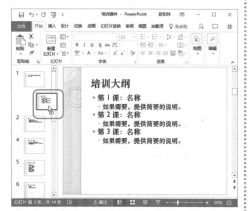

第2步：查看移动效果

释放鼠标左键，即可将选中的幻灯片移动到目标位置。

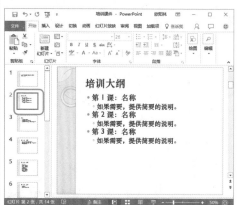

第3步：复制幻灯片

❶选择要复制的幻灯片；❷单击鼠标右键，在弹出的快捷菜单中选择"复制幻灯片"命令。

第4步：查看复制效果

此时即可在选择的幻灯片的下方出现一张与其格式和内容相同的幻灯片。

4. 隐藏幻灯片

对于制作好的演示文稿，如果希望其中的部分幻灯片在放映时不显示出来，可以将其隐藏。

隐藏幻灯片的具体操作步骤如下。

第1步：隐藏幻灯片

在左侧的幻灯片窗口中按住"Ctrl"键不放，选择多张要隐藏的幻灯片；单击鼠标右键，在弹出的快捷菜单中选择"隐藏幻灯片"命令。

第 2 步：查看隐藏效果

此时，选择的幻灯片就被隐藏了。放映幻灯片时，选中的幻灯片将不再显示。

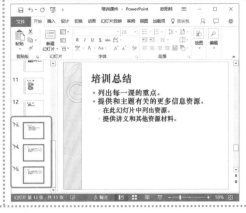

5. 浏览幻灯片

在"视图"选项卡中，PowerPoint 2016 提供了"幻灯片浏览"视图，用于查看幻灯片缩略图或重新排列幻灯片。浏览幻灯片的具体操作步骤如下。

第 1 步：执行幻灯片浏览命令

❶单击"视图"选项卡；❷在"演示文稿视图"组中单击"幻灯片浏览"按钮。

第 2 步：浏览幻灯片

此时即可查看幻灯片缩略图。选择缩略图，按鼠标左键并拖动即可移动幻灯片。

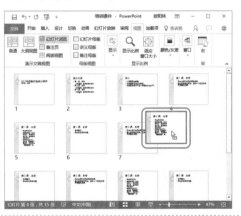

11.1.3 编辑与修饰标题幻灯片

编辑标题幻灯片时，除了使用加大字号、加粗字体等方法突出显示标题，还可以通过插入和设置图片来修饰标题幻灯片。

使用图片编辑和修饰标题幻灯片的具体操作步骤如下。

第1步：执行插入图片命令

选择标题幻灯片。❶单击"插入"选项卡；❷在"插图"组中单击"图片"按钮。

第2步：插入图片

❶在弹出的"插入图片"对话框中选择素材图片"图6"；❷单击"插入"按钮。

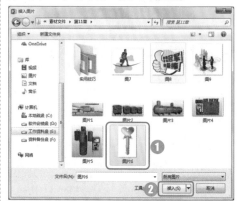

第3步：调整图片大小

此时即可将选择的图片插入幻灯片。选择图片，将鼠标光标放置到图片的右下角，按下左键并拖动鼠标调整其大小。

第4步：定位鼠标光标

选中图片，将鼠标光标移动到图片正上方的端点上，此时鼠标光标变成旋转箭头形状。

第5步：旋转图片

按住鼠标左键不放，左右拖动鼠标即可旋转图片。旋转到合适的角度时释放鼠标左键即可。

第6步：查看设置效果

将图片移动到幻灯片的右下角。到这里，标题幻灯片就编辑完成了。

11.1.4 编辑与修饰目录幻灯片

目录幻灯片通常由大标题组成。除了展示演示文稿的基本框架以外，还可以使用联机图片（如 Office 剪贴画等）修饰和美化幻灯片。

编辑与修饰"培训大纲"幻灯片的具体操作步骤如下。

第 1 步：录入大纲文本

选择"培训大纲"幻灯片，在文本框中删除多余的文本，然后录入大纲文本。

第 2 步：执行插入联机图片命令

选择"培训大纲"幻灯片。❶单击"插入"选项卡；❷在"插图"组中单击"联机图片"按钮。

第 3 步：搜索剪贴画

弹出"插入图片"对话框。在"必应图像搜索"文本框中输入文字"人物"，按"Enter"键。

第 4 步：显示所有结果

在弹出的状态栏中单击"显示所有结果"按钮。

第 5 步：选择图片

❶在搜索出的剪贴画列表中选择合适的图片；❷单击"插入"按钮。

第6步：查看设置效果

此时即可在幻灯片中插入选择的剪贴画，调整其大小并将其移动到幻灯片的右下角。

11.1.5 编辑与修饰图形类幻灯片

图形类幻灯片通常由各种形状、SmartArt 图形、文本框等组成。本节以编辑标题文本框和 SmartArt 图形为例，介绍图形类幻灯片的制作方法，具体操作步骤如下。

第1步：删除多余的文本框

在第 3 张幻灯片中选择多余的文本框，按"Delete"键将其删除。

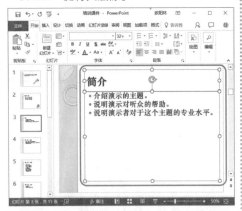

第2步：查看删除效果

此时就会显示幻灯片的版式。

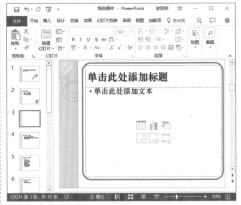

第3步：输入标题

在标题文本框中输入文字"让你的销量翻倍提升"。

第4步：设置标题字体格式

❶将标题的"字体"设置为"华文隶书"；❷将"字号"设置为"44"；❸将"字体颜色"设置为"红色"。

第 5 步：单击 SmartArt 图形

在内容文本框中单击"SmartArt 图形"按钮。

第 6 步：选择 SmartArt 图形

❶在弹出的"选择 SmartArt 图形"对话框中单击"流程"选项卡；❷选择"向上箭头"选项；❸单击"确定"按钮。

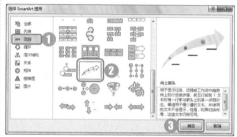

第 7 步：执行更改颜色命令

此时即可在幻灯片中插入选择的 SmartArt 图形。选择该图形，❶切换至"SmartArt 工具-设计"选项卡；❷在"SmartArt 样式"组中单击"更改颜色"按钮；❸在弹出的下拉列表中选择"彩色范文-个性色 2 至 3"选项。

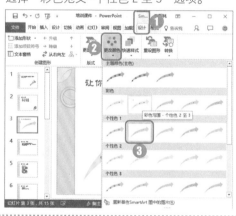

第 8 步：编辑文本

返回幻灯片，编辑图形中的文本。

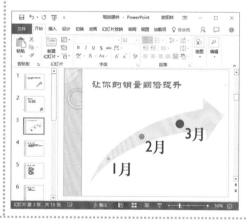

11.1.6 编辑与修饰文本类幻灯片

　　文本类幻灯片主要通过设置文字和段落格式来突出显示重点内容。本节以编辑标题文本框、设置项目符号和段落格式为例，介绍文本类幻灯片的使用方法。

第 1 步：编辑标题文本框

选择第 4 张幻灯片，在标题文本框中输入"第 1 课：培训目的"。

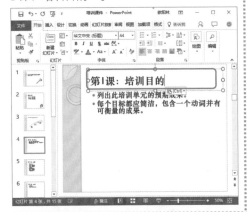

第 2 步：录入文本

在小标题文本框中删除多余的文字，然后录入小标题。

第 3 步：更改项目符号

选中小标题文本框。❶单击"开始"选项卡；❷在"段落"组中单击"项目符号"按钮；❸在弹出的下拉列表中选择"加粗空心方形项目符号"选项。

第 4 步：执行对话框启动器命令

❶单击"开始"选项卡；❷在"段落"组中单击"对话框启动器"按钮。

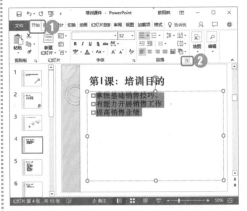

第 5 步：设置段前和段后间距

❶在弹出的"段落"对话框中单击"缩进和间距"选项卡；❷在"间距"组中将"段前"和"段后"均设置为"12 磅"，其他设置保持不变；❸单击"确定"按钮。

第 6 步：查看设置效果

返回幻灯片界面查看设置效果。

11.1.7 编辑与修饰表格类幻灯片

与其他 Office 组件一样，在幻灯片中同样可以使用表格。表格是重要的数据分析工具之一。使用表格，能够让复杂的数据显示得更加整齐、规范。本节以在幻灯片中插入和美化表格为例，介绍表格类幻灯片的编辑与修饰方法。

第 1 步：编辑标题文本框

选择第 5 张幻灯片，在标题文本框中输入文字"销售人员培训计划"。

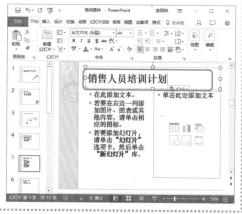

第 2 步：单击"插入表格"按钮

在该幻灯片中按"Delete"键删除多余的项目，单击内容文本框中的"插入表格"按钮。

第 3 步：设置行数和列数

此时将弹出"插入表格"对话框。❶在"列数"文本框中输入"3"，在"行数"文本框中输入"10"；❷单击"确定"按钮。

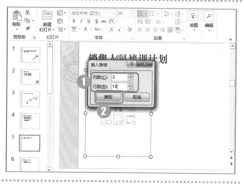

第 4 步：调整表格大小

此时即可在幻灯片中插入一个 10 行 3 列的表格。将鼠标光标移动到表格的右下角，拖动鼠标光标调整表格大小。

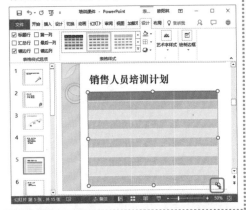

第 5 步：录入表格内容

在表格中录入内容，并在"段落"组中单击"水平居中"按钮。

第 6 步：执行合并单元格命令

选择要合并的单元格区域，单击鼠标右键，在弹出的快捷菜单中选择"合并单元格"选项。

第 7 步：查看合并效果

此时，选择的单元格区域就合并成一个单元格了。

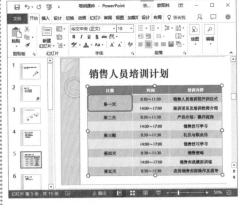

第 8 步：合并其他单元格区域

使用同样的方法合并其他单元格区域。

11.1.8　编辑与修饰图片类幻灯片

图片类幻灯片通常由一张或多张图片合理编排而成。配有少量文字或不配文字的图片类幻灯片以精美的图片为依托，加上合理的图文组合，让观众愿意看，看得懂。本节主要介绍图片类幻灯片的斜向交错排版，具体操作步骤如下。

第 1 步：编辑标题文本框

选择第 6 张幻灯片。❶在标题文本框中输入文字"培训是打开成长之门的金钥匙"；❷将字体颜色设置为"红色"。

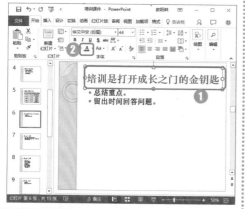

第 2 步：删除多余的项目

在幻灯片中按"Delete"键，删除多余的项目，然后单击内容文本框中的"图片"按钮。

第 3 步：选择图片

❶在弹出的"插入图片"对话框中选择素材图片"图 7"；❷单击"插入"按钮。

第 4 步：移动图片

此时即可在幻灯片中插入选择的图片，将其移动到幻灯片的左下角并调整其大小。

第 5 步：执行插入图片命令	第 6 步：斜向交错编排图片
❶如果要继续插入图片，单击"插入"选项卡；❷在"插图"组中单击"图片"按钮。	使用同样的方法插入"图 8"和"图 9"，拖动鼠标左键移动图片，使 3 张图片斜向交错。

 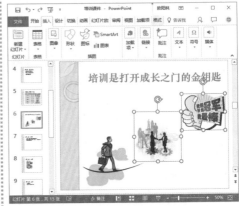

11.2 制作产品推广演示文稿

　　产品推广是产品问世后进入市场的一个重要阶段，是宣传企业产品、提升产品竞争力的重要手段。接下来，我们在 PowerPoint 2016 中通过模板创建产品推广演示文稿，然后对模板进行修饰和编辑。

　　"产品推广演示文稿"制作完成后的效果如下图所示。

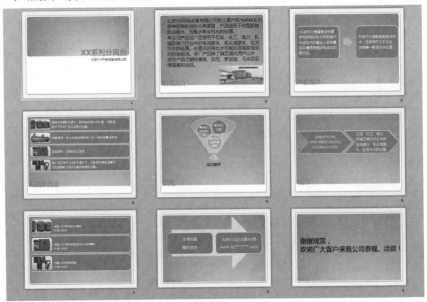

配套文件

原始文件：素材文件\第 11 章\产品推广演示文稿.pptx
结果文件：结果文件\第 11 章\产品推广演示文稿.pptx
视频文件：教学文件\第 11 章\制作产品推广演示文稿.mp4

扫码看微课

11.2.1 使用模板创建演示文稿

本节使用 PowerPoint 2016 提供的模板创建产品推广演示文稿，具体操作步骤如下。

第 1 步：搜索模板

进入 PowerPoint 2016 的欢迎界面，❶在搜索文本框中输入文字"产品"；❷单击"开始搜索"按钮。

第 2 步：选择模板

进入新界面，双击选中的模板"产品概述演示文稿"。

第 3 步：查看下载的模板

进入模板下载状态。下载完毕，将显示"产品概述演示文稿"，单击"保存"按钮。

第 4 步：单击浏览按钮

进入"另存为"界面，双击"这台电脑"图标按钮。

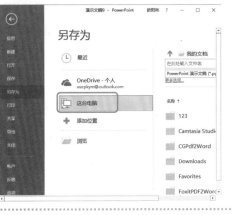

第5步：设置保存选项

此时将弹出"另存为"对话框。❶选择合适的保存位置；❷将"文件名"设置为"产品推广演示文稿.pptx"；❸单击"保存"按钮。

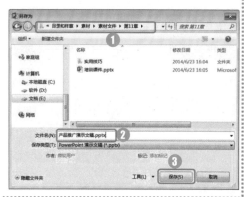

第6步：查看保存后的演示文稿

此时，之前的演示文稿就保存成了"产品推广演示文稿.pptx"文件。

11.2.2　应用大纲视图添加主要内容

在大纲视图模式下，可以清晰地展示演示文稿各层次的标题，用户可以根据需要增删幻灯片或修改幻灯片标题，具体操作步骤如下。

第1步：执行大纲视图命令

❶单击"视图"选项卡；❷单击"演示文稿视图"组中的"大纲视图"按钮。

第2步：进入大纲视图状态

进入"大纲视图"状态，在演示文稿的左侧显示了各层次的标题。

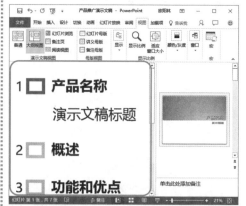

第 3 步：设置标题和副标题

在标题幻灯片中，将标题更改为"XX 系列分离器"，将副标题更改为"北京 XX 环保设备有限公司"。

第 4 步：执行新建幻灯片命令

选择标题幻灯片并在其上单击鼠标右键，在弹出的快捷菜单中选择"新建幻灯片"命令。

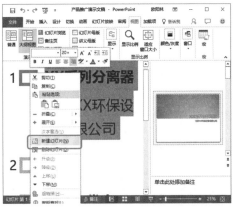

第 5 步：设置幻灯片标题

此时即可在选择的标题幻灯片下方新建一张幻灯片，并将其标题设置为"公司简介"。

第 6 步：更改其他幻灯片的标题

将第 3 张幻灯片的标题更改为"产品概述"。

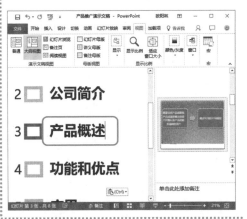

第 7 步：再次创建新幻灯片

选择第 8 张幻灯片，在其下方创建一张新幻灯片，将其标题设置为"致谢"。

第8步：退出大纲视图

❶单击"视图"选项卡；❷单击"演示文稿视图"组中的"普通视图"按钮，即可退出大纲视图。

11.2.3 编辑和修饰幻灯片

标题大纲设置完成后，就可以编辑和修饰幻灯片了。编辑和修饰幻灯片的操作通常包括编辑文本、插入图片和表格等。

第1步：编辑文本

选择第2张幻灯片，在文本框中直接输入文本。如果文本中带有项目符号或编号，输入一段内容后，按"Enter"键继续编辑即可。

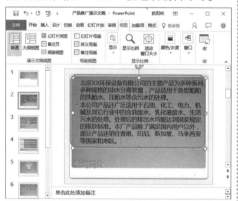

第2步：执行插入图片命令

❶单击"插入"选项卡；❷在"图像"组中单击"图片"按钮。

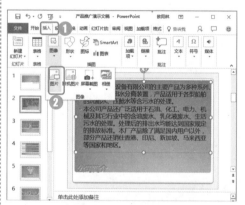

第3步：选择图片

此时将弹出"插入图片"对话框。❶选择合适的保存位置；❷选中图片"图片1"；❸单击"插入"按钮。

第4步：查看插入的图片

此时即可在幻灯片中插入选择的图片，调整图片的大小和位置。

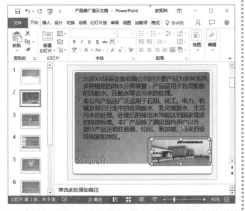

第5步：单击图片按钮

如果幻灯片的版式中含有图片，可以直接在幻灯片中单击图片按钮。例如，选择第4张幻灯片，单击版式中的图片按钮。

第6步：单击浏览按钮

此时即可进入"插入图片"界面，单击"来自文件"选项后的"浏览"按钮。

第7步：选择图片

此时将弹出"插入图片"对话框。❶选择合适的保存位置；❷选择图片"图片2"；❸单击"插入"按钮。

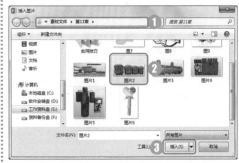

第8步：查看插入的图片

此时即可在图片按钮位置查看插入的图片。

第9步：插入其他图片和文本

使用同样的方法在幻灯片中插入图片并编辑文本。第4张幻灯片编辑完成。

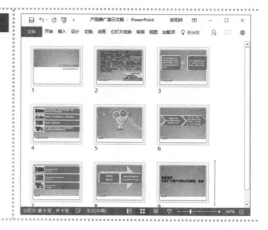

第 10 步：完成所有幻灯片编辑

将演示文稿中的所有幻灯片编辑完成。

疑难解答

Q：如何快速将幻灯片中的备注信息一次性全部提取出来呢?

A：在制作演示文稿时，为幻灯片添加备注信息有助于演讲者更好地进行演讲。我们可以通过创建讲义的方法快速将幻灯片中的备注信息全部提取出来。进入"文件"界面，单击"导出"选项，选择"创建讲义"选项，然后单击"创建讲义"按钮，在弹出的"Microsoft Word"对话框中选中"备注在幻灯片旁"单选按钮，最后单击"确定"按钮，即可将全部幻灯片和备注信息导入 Word 文档。

高手秘笈　实用操作技巧

通过前面的学习，相信读者朋友已经掌握了 PowerPoint 幻灯片的编辑与设计技巧。下面结合本章内容，介绍一些实用技巧。

配套文件

原始文件：素材文件\第 11 章\实用技巧\
结果文件：结果文件\第 11 章\实用技巧\
视频文件：教学文件\第 11 章\高手秘籍\

Skill 01　打印演示文稿的标题大纲

在打印演示文稿时，既可以打印整页幻灯片，又可以单独打印备注页和大纲。打印大纲的具体操作步骤如下。

第 1 步：设置打印选项

❶进入 Backstage 界面，选择"打印"选项；❷单击"设置"组中的"整页幻灯片"选项；❸在弹出的列表中选择"大纲"选项。

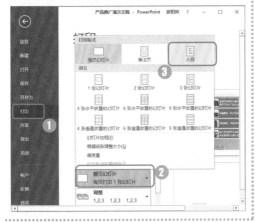

第 2 步：查看打印预览效果

此时即可在右侧的预览界面中看到大纲标题的打印效果。

Skill 02　为幻灯片添加页码

通过添加编号的方式可以快速为所有幻灯片添加页码，具体操作步骤如下。

第 1 步：执行插入幻灯片编号命令

❶单击"插入"选项卡；❷单击"文本"组中的"幻灯片编号"按钮。

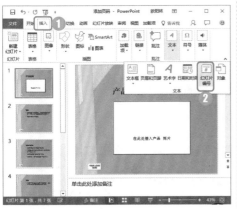

第 2 步：选中"幻灯片编号"复选框

此时将弹出"页眉和页脚"对话框。❶单击"幻灯片"选项卡；❷选中"幻灯片编号"复选框。

第 3 步：选中"页码"复选框

❶单击"备注和讲义"选项卡；❷选中"页码"复选框；❸单击"全部应用"按钮。

第 4 步：查看页码添加效果

此时即可在每张幻灯片的右下角添加页码。

Skill 03 巧把幻灯片变图片

演示文稿制作完成后，可以把每张幻灯片另存为图片，具体操作步骤如下。

第 1 步：执行另存为命令

单击"文件"选项卡，❶单击"另存为"选项；❷单击"浏览"按钮。

第 2 步：设置保存选项

此时将弹出"另存为"对话框。❶选择合适的保存位置；❷在"保存类型"下拉列表中选择"TIFF Tag 图像文件格式"选项；❸单击"保存"按钮。

第 3 步：导出所有幻灯片

在弹出的"Microsoft PowerPoint"对话框中直接单击"所有幻灯片"按钮。

第 4 步：确认设置

在弹出的 "Microsoft PowerPoint" 对话框中，会提示用户已经将幻灯片转换成图片文件。单击 "确定" 按钮。

第 5 步：查看生成的图片

此时即可在保存位置生成一个与演示文稿同名的文件夹，打开文件夹可以看到所有图片。

本章小结

本章结合实例讲述了 PowerPoint 幻灯片的编辑与设计。本章的重点是让读者掌握使用模板创建演示文稿的方法。通过本章的学习，读者可以熟练掌握演示文稿和幻灯片的基本操作，了解幻灯片的编辑与设计技巧。

第 12 章

PowerPoint 幻灯片的动画制作与放映

 **本章导读**

　　专业的 PPT，既要内容精美，又要动感绚丽。PowerPoint 2016 提供了强大的动画设计功能帮助用户制作更具吸引力和说服力的动画效果。本章以为楼盘简介演示文稿添加动画和放映年终总结演示文稿为例，介绍幻灯片的动画制作与放映技巧。

 知识要点

- ➲ 插入动画样式
- ➲ 浏览动画效果
- ➲ 设置动画顺序
- ➲ 从头放映幻灯片
- ➲ 排练计时的录制方法
- ➲ 自动播放幻灯片

 案例展示

实战应用 跟着案例学操作

12.1 为演示文稿添加动画

PowerPoint 2016 提供了进入、强调、路径退出、页面切换等多种形式的动画效果。为幻灯片添加这些动画特效，可以使 PPT 实现和 Flash 动画一样的炫目效果。本节主要介绍 PowerPoint 2016 的动画设计技巧。

"楼盘简介演示文稿"的动画效果如下图所示。

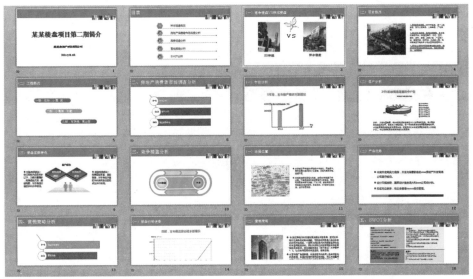

配套文件

原始文件：素材文件\第 12 章\楼盘简介演示文稿.pptx
结果文件：结果文件\第 12 章\楼盘简介演示文稿.pptx
视频文件：教学文件\第 12 章\为楼盘简介演示文稿添加
动画.mp4

扫码看微课

12.1.1 设置进入动画

进入动画可以实现多种对象从无到有、陆续展现的动画效果。

1. 插入和浏览动画

插入和浏览进入动画的具体操作步骤如下。

第1步：执行动画样式命令

❶在第3张幻灯片中选择标题；❷单击"动画"选项卡；❸单击"动画"组中的"动画样式"按钮。

第2步：选择浮入动画

在弹出的"动画样式"列表中选择一种进入动画，如选择"浮入"选项。

第3步：执行动画窗格命令

❶单击"动画"选项卡；❷单击"高级动画"组中的"动画窗格"按钮。

第4步：查看添加的进入动画

此时，在窗口的右侧会出现一个动画窗格，窗格中显示了添加的进入动画。

第5步：执行预览命令

❶单击"动画"选项卡；❷单击"预览"组中的"预览"按钮。

第 6 步：查看预览效果

此时即可看到"浮入"动画的预览效果。

2. 管理动画

在幻灯片中，许多对象都是由多个图形组合而成的。我们可以为每个图形分别设置动画效果，也可以使用动画刷复制动画格式，然后使用动画窗格调整动画顺序，具体操作步骤如下。

第 1 步：为空心弧添加动画

选择第 6 张幻灯片，为空心弧添加"飞入"动画。

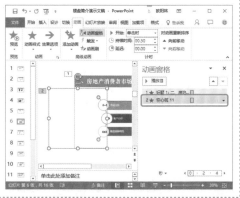

第 2 步：设置效果选项

❶单击"动画"组中的"效果选项"按钮；❷在弹出的下拉列表中选择"自左侧"选项，即可将空心弧的动画效果设置为自左侧飞入。

第 3 步：为第一个圆形组合添加动画

为第一个圆形组合添加"劈裂"样式的进入动画。

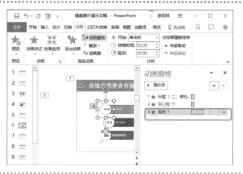

第 4 步：双击动画刷

选择第一个圆形组合。❶单击"动画"选项卡；❷单击"高级"组中的"动画刷"按钮，此时"动画刷"按钮呈高亮显示。分别在其他圆形组合上单击鼠标左键，即可将动画格式应用到选择的组合图形上。

第 5 步：为任意多边形添加进入动画

为第一个任意多边形添加"形状"样式的进入动画。

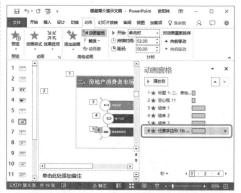

第 6 步：复制动画格式

使用动画刷，将"形状"样式的进入动画复制到其他任意多边形上。

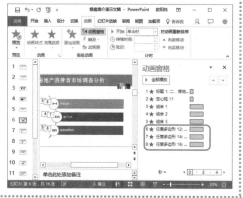

第 7 步：调整动画的播放顺序

在动画窗格中选择动画，单击"向上"或"向下"按钮即可调整动画的播放顺序。

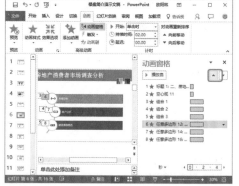

第 8 步：执行预览命令

❶单击"动画"选项卡；❷单击"预览"组中的"预览"按钮。

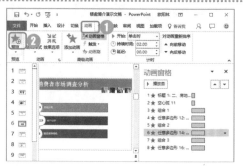

第 9 步：预览动画

此时即可看到进入动画的预览效果。

12.1.2 设置强调动画

强调动画是通过放大、缩小、闪烁、陀螺旋等方式突出显示对象和组合的一种动画。设置强调动画的具体操作步骤如下。

第 1 步：执行添加动画命令

❶选择第 1 个圆形组合；❷单击"动画"选项卡"高级动画"组中的"添加动画"按钮。

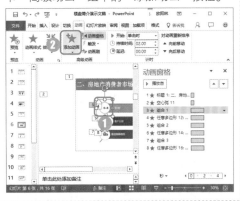

第 2 步：选择强调动画

在弹出的"动画样式"列表中选择一种"强调动画"，如选择"放大/缩小"选项。

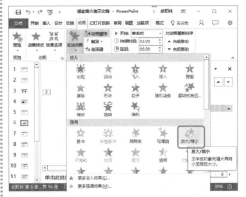

第 3 步：查看添加的强调动画

此时，选择的第 1 个圆形组合在设置了进入动画的基础上添加了"放大/缩小"样式的强调动画。

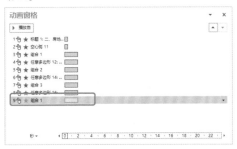

第 4 步：调整强调动画的播放顺序

选择强调动画，在动画窗格中单击"向上"按钮，将其调整到合适的位置。

第5步：执行预览命令

❶单击"动画"选项卡；❷单击"预览"组中的"预览"按钮。

第6步：查看强调动画的预览效果

查看强调动画"放大/缩小"的预览效果。

12.1.3 设置路径动画

　　路径动画是让对象按照绘制的路径运动的一种高级动画效果，通过它可以实现PPT的千变万化。设置路径动画的具体操作步骤如下。

第1步：执行动画样式命令

❶选择第4张幻灯片中的"蝴蝶"图片。❷单击"动画"选项卡"动画"组中的"动画样式"按钮。

第2步：选择路径动画

在弹出的"动画样式"列表中选择一种路径动画，如选择"循环"选项。

第3步：查看添加的路径动画

此时，选择的"蝴蝶"图片就添加了"循环"样式的路径动画。

第 4 步：查看路径动画的预览效果

单击"预览"组中的"预览"按钮，即可看到"循环"样式的路径动画的预览效果。

12.1.4 设置退出动画

退出动画是让对象从有到无、逐渐消失的一种动画效果。退出动画实现了画面的连贯过渡，是不可或缺的动画效果。设置退出动画的具体操作步骤如下。

第 1 步：执行添加动画命令

保持第 4 张幻灯片中的"蝴蝶"图片的选择状态。单击"动画"选项单击"高级动画"组中的"添加动画"按钮。

第 2 步：选择退出动画

在弹出的"动画样式"列表中选择一种退出动画，如选择"随机线条"选项。

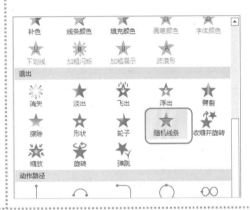

第 3 步：查看添加的退出动画

此时，选择"蝴蝶"图片就添加了"随机线条"样式的退出动画。

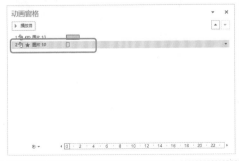

第 4 步：查看退出动画预览效果

单击"预览"组中的"预览"按钮，即可看到"随机线条"样式的退出动画的预览效果。

12.1.5　设置切换动画

切换动画是幻灯片之间进行切换时的一种常用动画效果。添加页面切换动画不仅可以轻松实现画面之间的自然切换，还可以使 PPT 真正动起来。设置切换动画的具体操作如下。

第 1 步：执行添加动画命令

选择第 1 张幻灯片。❶单击"切换"选项卡；❷单击"切换到此幻灯片"组中的"切换效果"按钮。

第 2 步：选择切换效果

在弹出的"切换效果"列表中选择一种页面切换效果，如选择"百叶窗"选项。

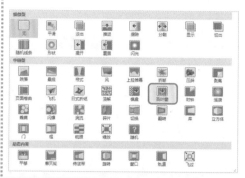

第 3 步：执行预览命令

❶单击"切换"选项卡；❷单击"预览"组中的"预览"按钮。

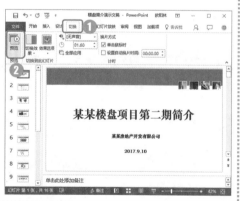

第 4 步：查看切换动画预览效果

此时即可看到"百叶窗"效果的切换动画的预览效果，然后以同样的方法为其他幻灯片添加切换动画。

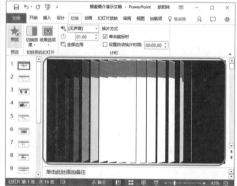

12.2 放映年终总结演示文稿

演示文稿制作完成后，就可以进行放映了。本节以放映年终总结演示文稿为例，介绍幻灯片的放映方法及自动放映的设置技巧。

"年终总结演示文稿"的放映效果如下图所示。

配套文件

原始文件：素材文件\第 12 章\年终总结演示文稿.pptx
结果文件：结果文件\第 12 章\年终总结演示文稿.pptx
视频文件：教学文件\第 12 章\放映年终总结演示文稿.mp4

扫码看微课

12.2.1 设置幻灯片放映

在放映幻灯片的过程中，放映者可能会对幻灯片的放映类型、放映选项、放映幻灯片的数量和换片方式等有不同的需求，为此可以对其进行相应的设置。

第 1 步：执行设置幻灯片放映命令	第 2 步：选择模板
❶单击"幻灯片放映"选项卡；❷在"设置"组中单击"设置幻灯片放映"按钮。	此时将弹出"设置放映方式"对话框。❶选中"如果存在排练时间，则使用它"单选按钮；❷单击"确定"按钮。

12.2.2 放映幻灯片

放映幻灯片时可以从头开始放映，也可以从当前幻灯片开始放映，具体操作步骤如下。

第1步：从头开始反映幻灯片

❶单击"幻灯片放映"选项卡；❷单击"开始放映幻灯片"组中的"从头开始"按钮。

第2步：进入放映状态

此时，进入幻灯片放映状态，从第1张幻灯片开始放映，单击鼠标左键即可切换到下一张幻灯片。

第3步：从当前幻灯片开始放映

选择任意一张幻灯片。❶单击"幻灯片放映"选项卡；❷单击"开始放映幻灯片"组中的"从当前幻灯片开始"按钮。

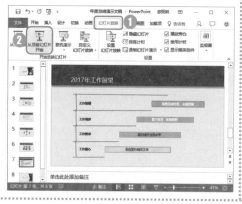

第4步：切换放映

此时进入幻灯片放映状态，从当前幻灯片开始放映，单击鼠标左键即可切换到下一张幻灯片。

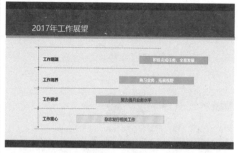

12.2.3 让 PPT 自动演示

要想让 PPT 自动演示，首先必须设置排练计时，然后才能放映幻灯片。让 PPT 自动演示的具体操作步骤如下。

第 1 步：执行排练计时命令

❶单击"幻灯片放映"选项卡；❷单击"设置"组中的"排练计时"按钮。

第 2 步：进入录制状态

进入排练计时状态，此时将弹出"录制"对话框。

第 3 步：关闭录制状态

录制完毕，单击"关闭"按钮。

第 4 步：保存幻灯片计时

在弹出的"Micerosoft PowerPoint"对话框中单击"是"按钮。

第 5 步：执行放映命令

按"F5"键即可从头开始放映幻灯片。此时，演示文稿中的幻灯片会根据排练计时录制的时间进行自动放映。

高手秘笈　实用操作技巧

通过前面的学习，相信读者朋友已经掌握了 PPT 的动画制作与放映。下面结合本章内容，介绍一些实用技巧。

配套文件

原始文件：素材文件\第 12 章\实用技巧\
结果文件：结果文件\第 12 章\实用技巧\
视频文件：教学文件\第 12 章\高手秘籍\

Skill 01　使用画笔诠释幻灯片

PowerPoint 2016 提供了画笔功能，放映幻灯片时，可以用画笔标注重点和难点，使观众更直观、更容易地理解演示内容。

第 1 步：选择画笔	第 2 步：诠释幻灯片
❶进入幻灯片放映界面，单击"画笔"按钮； ❷在弹出的列表中选择"笔"选项。	此时即可使用画笔标注重点、难点内容。

第 3 步：不保留墨迹

按"Esc"键可退出画笔状态，再次按"Esc"键可退出放映状态。当弹出"Microsoft PowerPoint"对话框时，单击"放弃"按钮。

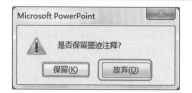

Skill 02　打印幻灯片

打印幻灯片是办公人员的一项必备技能。用户可以根据需要在一张纸上打印一张或多张幻灯片，具体操作步骤如下。

第 1 步：执行插入幻灯片编号命令

按 "Ctrl+P" 组合键，在打开的界面中单击 "整页幻灯片" 按钮。

第 2 步：选中 "幻灯片编号" 复选框

在弹出的打印列表中选择 "4 张水平放置的幻灯片" 选项。

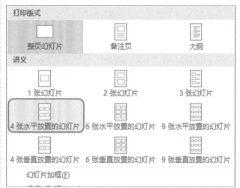

第 3 步：查看打印 4 张幻灯片的效果

此时，即可在右侧的预览界面中看到打印 4 张幻灯片的效果。

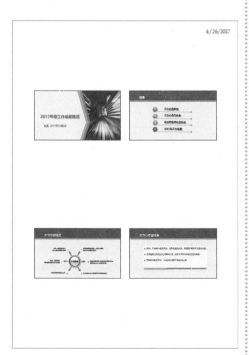

第 4 步：查看打印 6 张幻灯片的效果

在打印列表中选择 "6 张水平设置的幻灯片" 选项，即可在右侧的预览界面中看到打印 6 张幻灯片的效果。

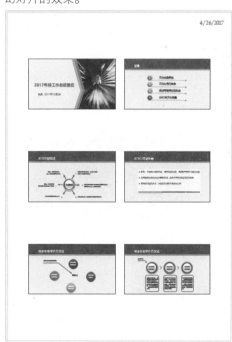

Skill 03　插入媒体文件

使用 PPT 做演示时，经常需要播放视频，因此可以将视频文件插入 PowerPoint 中，方便观众观看。在演示文稿中插入和播放视频的具体操作步骤如下。

第 1 步：执行插入视频命令

❶单击"插入"按钮；❷在"媒体"组中单击"视频"按钮；❸在弹出的下拉列表中选择"PC 上的视频..."选项。

第 2 步：选择视频文件

弹出"插入视频文件"对话框。❶选择素材文件"视频 01"；❷单击"插入"按钮。

第 3 步：播放视频

此时即可在演示文稿中插入一个视频文件。单击"播放"按钮。

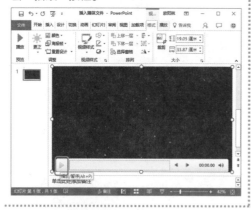

第 4 步：查看播放效果

此时即可进入视频播放状态。

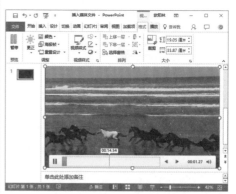

本章小结

本章结合实例讲述了幻灯片的动画制作与放映技巧。本章的重点是让读者掌握动画的设计方法，以及幻灯片自动放映的技巧。通过本章的学习，读者可以熟练掌握动画在演示文稿中的应用技巧，并学会放映幻灯片的基本操作。